Stable Diffusion
AI绘画

创意与实战

孟德轩 / 编著

清华大学出版社
北 京

内 容 简 介

本书是一本关于 AI 绘画工具 Stable Diffusion 的教程，旨在分享通过 AI 绘画工具生成各种理想图片的方法，介绍人工智能在绘画领域的应用与突破。

本书共 13 章，详细探讨了 AI 绘画工具 Stable Diffusion 的主要内容和价值。第 1 章介绍 AI 绘画的发展，从 Stable Diffusion 的出现到广泛使用　从第 2 章开始介绍 Stable Diffusion 的基础应用。第 3 章至第 7 章详细讲解 Stable Diffusion 的应用，包括文生图、图生图、脚本使用、附加功能及常用插件。第 8 章至第 12 章介绍 AI 绘画落地应用案例。第 13 章简单讨论 AI 绘画的技术伦理与艺术审美。读者通过学习本书可以了解到 AI 绘画的最新发展，掌握关键技术，并将其应用于自己的艺术创作中，从而开拓新的艺术风格。

本书适合美术及设计专业的学生与相关工作人员及 AI 绘画技术爱好者学习、参考。

图书在版编目（CIP）数据

Stable Diffusion AI 绘画创意与实战 / 孟德轩编著 .-- 北京 : 清华大学出版社 , 2024.5
ISBN 978-7-302-66165-8

Ⅰ . ① S… Ⅱ . ①孟… Ⅲ . ①图像处理软件 Ⅳ . ① TP391.413

中国国家版本馆 CIP 数据核字 (2024) 第 086249 号

责任编辑：陈绿春
封面设计：潘国文
责任校对：胡伟民
责任印制：曹婉颖

出版发行：清华大学出版社
　　　　网　　　址：https://www.tup.com.cn，https://www.wqxuetang.com
　　　　地　　　址：北京清华大学学研大厦 A 座　　　　邮　　　编：100084
　　　　社 总 机：010-83470000　　　　　　　　　　邮　　　购：010-62786544
　　　　投稿与读者服务：010-62776969，c-service@tup.tsinghua.edu.cn
　　　　质 量 反 馈：010-62772015，zhiliang@tup.tsinghua.edu.cn
印 装 者：三河市铭诚印务有限公司
经　　　销：全国新华书店
开　　　本：188mm×260mm　　　印　　　张：9.25　　　字　　　数：315 千字
版　　　次：2024 年 7 月第 1 版　　　印　　　次：2024 年 7 月第 1 次印刷
定　　　价：79.00 元

产品编号：104183-01

前言 PREFACE

在过去的几十年里，人工智能技术已经有了重大的进展和突破，为人们的生活和工作带来了极大的帮助和改变。在绘画领域，AI技术也展现出了惊人的潜力，例如Midjourney、DALL-E2和Stable Diffusion等应用程序，都引起了人们广泛的关注和研究。

AI绘画将传统的艺术形式与数字技术相结合，为那些热爱绘画和数字艺术的人士提供了一种全新的创作方式。借助AI技术和计算机视觉技术，绘画爱好者可以充分利用计算机，实现高效的图形生成和处理。

在众多AI绘画应用程序中，Stable Diffusion有着它独特的优势。因此，本书将为那些想要提高绘画技巧的爱好者，详细介绍Stable Diffusion的基础知识和技术，并探讨它在绘画领域的周边应用，帮助读者更好地理解、学习和掌握AI绘画的方法和技巧。

首先，本书简要介绍了Stable Diffusion的基础知识和应用特点，包括文生图、图生图、插件应用等方面的知识，帮助读者快速了解AI技术的基本概念，为后面的学习打下坚实的基础。接着，本书深入探讨了AI绘画的实现方法和技巧，包括生成式对抗网络（GAN）、条件生成式对抗网络（CGAN）、变分自编码器（VAE）等技术，以及如何将这些技术与绘画过程相结合，实现高质量的数字艺术创作。本书还详细介绍了Stable Diffusion这款AI绘画的应用程序，以及一些实际应用案例，包括如何使用AI技术来自动生成图像、设计创意广告、制作数字艺术等，帮助读者更加深入地了解AI技术在绘画领域的作用和意义。最后，在本书的结尾部分，还介绍了一些未来可能的AI绘画趋势和方向，讨论AI技术在数字艺术与文化创意产业中的应用前景，同时对AI技术的发展和应用进行深入的分析和探讨。相信这些信息将帮助读者了解AI技术的最新动态和趋势。

总之，本书将通过对AI绘画技术的详细介绍和实际应用案例的演示，为绘画爱好者提供一个全面的学习平台和指南。相信本书将使读者更好地了解和掌握AI技术的应用方法和实现技巧，同时为数字艺术的创作和创新提供新的思路和方法。

本书配套资源请扫描下面的二维码进行下载。如果在配套资源的下载过程中碰到问题，请联系陈老师（chenlch@tup.tsinghua.edu.cn）。如果有任何技术性问题，请扫描下面的技术支持二维码，联系相关人员进行解决。

编者
2024年5月

配套资源

技术支持

CONTENTS 目录

软件基础篇

第 4 章 点石成金：图生图

第 5 章 脚本使用

第 6 章 附加功能

第7章 常用插件扩展讲解

案例实战篇

第8章 游戏行业应用

第9章 电子商务行业应用

第10章 插画行业应用

第 11 章　建筑行业应用

第 12 章　其他行业应用

第 13 章　AI 绘画的技术伦理与艺术审美

软件基础篇

第 1 章
初识 AI 绘画
——Stable Diffusion

1.1 AI 绘画简史

随着人工智能领域的不断拓展和发展，越来越多的应用场景被逐渐开发出来，并涵盖了许多不同的领域，其中之一就是艺术领域。在过去的几年中，AI绘画已经成为了艺术界的热点话题，尤其是在海报、插图、漫画以及电影特效等领域，其应用已经愈发普遍。

1.1.1 现代 AI 技术的发展

现代AI技术的发展大致经历了以下几个阶段。

1. 生成对抗网络（Generative Adversarial Networks）

在2012年，全球人工智能和机器学习权威、华人科学家吴恩达带领团队耗资90万美元，训练了一个世界上最大的深度学习网络，用来指导计算机画出猫脸图片，经过整整3天训练，画出来了一张模糊的图片。2014年，加拿大蒙特利尔大学的Ian Goodfellow提出了生成对抗网络（GAN）的算法，这个算法一度成为了AI生成绘画的主流方向。GAN的原理是通过训练两个深度神经网络模型，即一个生成器和一个判别器，使生成器可以生成与真实数据相似的新数据样本，而判别器负责区分生成器生成的假样本和真实数据。使用GAN模型可以生成质量比较高的图片，但这种方法存在一些问题——对抗学习非常麻烦，且对于显卡等资源消耗较高；生成对抗网络很难理解图片各个部分，所以很难进行修改。尽管存在各种问题，研究人员还是在GAN算法的这条路上不断前进，努力提升生成图片的效果。

2. Diffusion Model（扩散模型）

2015年，谷歌开源了deep dream项目，其能够绘制出非常迷幻和超现实的图画，但生成效果并不理想。2016年，Diffusion Model模型开始受到更广泛的关注。它的原理跟GAN完全不一样，Diffusion Model使用随机扩散过程来生成图像，从而避免了传统生成模型中存在的一些问题。Diffusion Model的原理是，先对照片添加噪声，然后在这个过程中学习当前图片的各种特征，并最终生成预期图片。

3. Midjourney平台

2022年2月，Somnai等几个开源社区的工程师做了一款基于扩散模型的AI绘图生成器——Disco Diffusion。从这一模型的出现开始，AI绘画进入了发展的快车道。Disco Diffusion相比传统的AI模型更加易用，且研究人员建立了完善的帮助文档和社群，于是越来越多的人开始关注它。2022年3月，一款由Disco Diffusion的核心开发者参与建设的AI生成器——Midjourney正式发布。Midjourney选择搭载在discord平台，借助discord聊天式的人机交互方式来绘制图片，不需要之前烦琐的操作，通过输入文字即可生成图像。Midjourney生成的图片效果令人惊艳，几乎无法分辨是AI生成的还是人类创作的。

4. DALL·E 2

2022年4月9日，OpenAI研究实验室发布了DALL-E 2这一深度学习模型，其生成的图片和人类作品几乎无差异。但该模型需要付费才能够使用，也有很多使用限制。因为其过于强大甚至可以用于制作假图，所以存在一定的风险。

5. Stable Diffusion

2022年7月28日，Stable Diffusion的AI生成器开始内测，用它生成的AI绘画作品，质量可以媲美DALL-E 2，而且还没那么多限制。最关键的是，Stable Diffusion的开发公司Stability AI崇尚开源，他们的宗旨是"AI by the people,for the people"。Stable Diffusion内测不到1个月，正式宣布开源，这意味着所有人都能在本地部署自己的AI绘画生成器，真正实现每个人"只要你会说话，就能够创作出一幅画"。

AI绘画目前正在高速发展，每天都有新的进展和突破，其迭代速度之快，令人叹为观止，不断引起人们的研究和关注。

1.1.2　Stable Diffusion 的发展

Stable Diffusion是一种基于潜在扩散模型的深度学习文本到图像生成模型，能够根据任意文本输入生成高质量、高分辨率、高逼真的图像，如图1-1所示。

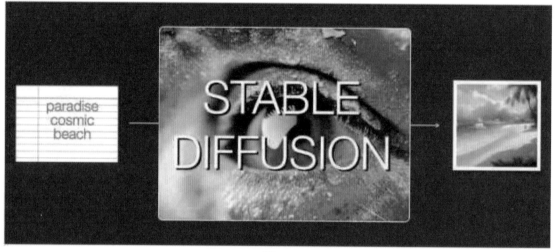

图1-1

2022年7月，Stable Diffusion问世，其是由创业公司Stability AI与多个学术研究者以及非营利组织合作开发的一种潜在扩散模型。

Stable Diffusion在算法上基于2021年12月提出的潜在扩散模型（LDM / Latent Diffusion Model）和2015年提出的扩散模型（DM / Diffusion Model）。

2022年8月，Stable Diffusion的源代码和模型都已经开源，在GitHub网站上由AUTOMATIC1010维护了一个完整的项目，正在由全世界的开发者共同维护。由于网址对网络有一些众所周知的需求，国内有多位开发者维护着一些不同版本的封装包，例如Coder软件。Coder为Stable Diffusion 的普及作出了不可磨灭的贡献。

2023年4月，Stability AI发布了Beta版本的Stable Diffusion XL，并提到在训练结束且参数稳定后会开源。这一版本改善了需要输入非常长的提示词（prompt），能够用更短的提示词来创建更具描述性的图片。这个模型是图片生成能力的一次重大的进步，提供了增强版的图片构图和人脸生成技术，以便于获得令人震惊的视觉和艺术体验。

1.2　Stable Diffusion 与其他 AI 绘画工具比较

目前，随着AI技术的快速迭代，各种基于AIGC（人工智能内容生成）的技术产品不断涌入社会，其中比较普遍的AI绘画软件，如 Midjourney、DALL-E 2 、Firefly 、Stable Diffusion等，都已经在AI绘图领域大放异彩。每个软件都各有独特之处。

　　根据现有的AI绘画工具，可将它们大致分为3类：第一类是像Midjourney、DALL-E 2 这样的线上平台；第二类是像Stable Diffusion这样的线下平台；第三类是像Firefly（萤火虫）这种专业的AI绘图工具。

1.2.1　Stable Diffusion

　　Stable Diffusion是2022年发布的一个从文本到图像的潜在扩散模型，由CompVis、Stability AI和LAION的研究人员和工程师创建。

　　相较于传统的深度学习模型，Stable Diffusion 具备许多独特的优势，使其成为艺术家和设计师青睐的选择。

1. 开源免费

　　像Stable Diffusion这样的行业龙头，为了吸引大量的开发者，将模型最大程度地使用起来，采取了开源的模式。开源免费就是完全免费，不限次数，任何人都可以用，这样的好处是没有软件使用成本，同时商用成本也低，开源社区会共同完善模型文档，一起解决技术难题，从而使代码的迭代速度加快，优化效率远远高于闭源系统。开源之后，社群广阔，不易出现无法解决的问题。缺点是不够商业化。

2. 本地部署

　　Stable Diffusion的数据可以在本地进行部署，无须联网，从而提供了极高的安全性。用户可以将数据存储在本地服务器上，不必依赖于外部网络连接。这种本地部署的方式提供了更好的隐私保护和数据安全。

3. 高度拓展性

　　Stable Diffusion具有高度的拓展性，使用户可以根据自己的需求对软件进行自定义修改。用户可以自行安装插件来扩展软件的功能。这种灵活性允许用户根据自身行业需求定制软件的细节，以满足特定的要求。

　　最重要的是，Stable Diffusion可以根据用户行业需求进行定制化，使其适应各种不同的应用场景。

1.2.2　Midjourney

　　Midjourney 是基于人工智能技术的付费在线AI绘画软件，旨在帮助用户创作高质量的数字艺术作品，其官网首页如图1-2所示。

　　该软件通过先进的深度学习算法来分析和学习数百万个艺术品和图像，从而生成具有艺术风格的图像。Midjourney的核心功能是根据用户的文字提示，生成高质量、多样化、有创意的图像，即使不会用AI也可以用简单的提示词去生成很多效果不错的图片，具有灵活性、速度快、质量高、多样性和创意性的特点。

图1-2

与其他AI绘画软件相比，Midjourney有三个独特的优势。

1. 算力云端化

Midjourney是一个架设在discord之上的工具，所以不用像软件一样需要安装，所有的图片都是在云上完成并训练的，只需在discord输入文本即可，在硬件方面对用户几乎没什么要求。

从成本来说，9%用于训练，80%用于制作图像的推理，所以大部分成本用在了图像上。为解决这一点，Midjourney在世界上八个不同的地区设立了自己的服务器，例如韩国、日本或荷兰等，在每个时区的夜间没有人使用GPU时，Midjourney就可以充分利用这些算力，实现GPU负载平衡。

实际上，这种依靠云端服务器来降低成本、加快模型训练的做法，与目前腾讯训练大模型的策略十分相似。在算力已经愈发成为大模型训练瓶颈的今天，如果在训练开发环节直接调用云端的大模型和AI算力资源，完成后一键分发到用户终端上，就可以大大降低成本，减少工作量。因此，Midjourney"云上计算"的这一步棋，着实是摸准了时代的方向。所以，大模型从云入端，是模型服务商实现商业化的必争之地。

2. 模型维护更集中

Midjourney在参考CLIP及Diffusion开源模型的基础上抓取公开数据进行训练，从而构建自己的闭源模型和数据飞轮以适应行业技术的飞速发展。此外，通过收集用户反馈及数据标注，Midjourney不断迭代模型，在ValueChain上占据多个数据层、模型层、应用层整个技术栈。

相对封闭也成为Midjourney构建自身护城河的重要方式。因为没有公开其源代码，因此无法被广泛地研究、改进和应用，Midjourney积累的数据集具有独家性，可以进行针对性训练。

3. 界面简便易用

Midjourney使用起来极为简单，注册discord账号之后，即可进入Midjourney频道，随后可以加入公测服务器。使用时，用户只需要输入命令提示符，就可以生成对应的高品质图形。它可以让用户避开复杂的使用技巧，同时可以用算法让机器想象所输入命令的样子。

这也是Midjourney能够脱颖而出的地方。凭借简单的Prompt，Midjourney借助discord社区持续迭代，社区用户将近1500万。

4. 社交属性

因为Midjourney团队是一个远程工作的团队，所以建立了一个机器人。后来，团队用同样的机器人在discord上做了一个用户测试，得到的结果是，用户很喜欢这个实时交流想法，以及富有想象力的环境。

Midjourney与discord双轮驱动，激励用户点赞积累标注数据。discord为Midjourney的启动提供了绝佳的社交体验平台，成功将其带入了大众市场。一方面discord降低了用户使用门槛；另一方面，图片创作是一个在讨论中不断迭代的过程，欣赏其他用户的作品也有助于激发灵感。此外，Midjourney通过赠送免费使用时间来激励用户点赞，从而积累标注数据不断优化模型生成效果。

随着用户越来越多，Midjourney就能获取更多用于训练的图片数据，从而能够更好地进行模型迭代升级；更好版本模型的推出，就能够更好地理解用户需求产生图片升级功能，进而获得更多的用户，形成良性循环。在此基础上，Midjourney成功构建了数据飞轮。

1.2.3 DALL-E 2

DALL-E 2是 OpenAI 最新推出的收费 AI 绘画软件，它能够根据输入的自然语言描述自动生成对应的图像。这个系统基于 GPT-3 模型和图像生成算法，可以生成各种风格的图片，包括人物、动物、场景等。由于DALL-E 2有丰富的绘画风格，能够学习超现实、印象派、波普、浮世绘等流派，非常适合用于展开脑洞、落实创意。

DALL-E 2.0 相较于 DALL-E 1.0分辨率提高了4倍，生成图像的质量也显著提高，可以生成更准确的画像，清晰逼真，色彩丰富，细节饱满。

和Midjourney一样，DALL-E 2是一个线上平台，但是相较于Midjourney，DALL-E 2的功能简捷，只有一个文生图功能，生成的图片质量更加简单、朴素。不过，使用高级功能是需要收费的。

1.2.4 Firefly（萤火虫）

2023年3月22日，Adobe 推出了一系列新的创意生成 AI 模型，名为 Firefly，最初专注于图像和文本效果生成，提供构思、创作和沟通的新方式，同时显著改善创意工作流程。Firefly是Adobe在过去40年中开发的技术的自然延伸，具有文生图、内容填充、局部重绘、智能人像调节、模型的渲染、对话式编辑、文本转矢量、整体图片修改、主打工具等功能，如图1-3所示。

图1-3

Adobe 还发布了 Firefly 生成式 AI 工具系列的首批两款产品进行测试。第一个工具能够根据文本提示prompt（如"在雷雨中跃出水面的凶猛鳄鱼"）创建图像，并提供数百种风格来对结果进行调整。另一个工具则是根据提示为文字应用样式创建看起来毛茸茸、鳞片状或其他任何想要效果的字母，如图1-4所示。

图1-4

  Adobe表示，Firefly已经集成在Adobe的企业级创意工具Adobe Express中进行内测，未来将全面扩展到旗下的Photoshop图像编辑软件、Illustrator设计软件以及Premiere快速视频制作软件等工具中。

  Adobe 认为人工智能不会取代创意人才，而是会提升他们的竞争力和创造力。公司还注意到了人工智能可能带来的法律和社会问题，例如版权侵权、偏见和刻板印象。因此，Adobe 使用了自己的图库、公共领域和授权作品来训练 Firefly，避免了使用有版权、有商标或有敏感内容的图像。

第 2 章
Stable Diffusion 使用基础

2.1 下载与安装

在这个数字化时代，人工智能技术的迅猛发展带来了许多惊喜和创新。其中，Stable Diffusion作为一项基于AI的图像生成工具，引起了人们广泛的关注和兴趣。下面介绍Stable Diffusion的下载与安装方法。

2.1.1 本地部署配置要求

Stable Diffusion 是一个开源模型，这意味着用户可以免费在本地计算机上运行它，无须依赖于"科学上网"，极大地提高了工作的灵活性和便捷性。此外，Stable Diffusion 还注重用户隐私保护，因为所有数据可以仅存储在本地。

下面是 Stable Diffusion 在本地部署计算机的最低要求。

1. 系统要求
- 操作系统：最好是 Windows 10 或者 Windows 11。
- 内存：建议至少 16GB 及以上。
- 显卡：最好使用 NVIDIA 系列显卡，显存的最低要求为 4GB。

2. 环境设置
在开始安装之前，请确保已下载并安装以下前置软件。
- Python 3.10.6 版本。
- Git。
- VS.Code。

准备好以上工作，就可以在本地安装 Stable Diffusion，并开始享受其强大的功能和创作体验了。

2.1.2 软件安装

为了成功使用 Stable Diffusion，需要按照以下步骤进行环境配置。
- 计算机系统要求：确保计算机安装了 Windows 10 或 Windows 11 操作系统。较低版本的系统可能会导致兼容性问题，因此建议使用较新的操作系统版本。
- 前置软件安装：在安装 Stable Diffusion 之前，必须安装一些前置软件，因为 Stable Diffusion 需要依赖这些软件才能正常运行。

前置软件包括以下内容。
- Python 3.10.6 版本：Python 是一种常用的编程语言，需要安装特定版本的 Python（即 3.10.6 版本）。请注意，必须安装这个版本，其他版本可能会导致 Stable Diffusion 出现问题。
- VS.Code：VS.Code 是一个功能强大的代码编辑平台，类似于记事本，它提供了丰富的功能和插件扩展性。在某些情况下，可能需要修改一些代码文件，因此可以使用 VS.Code 进行编辑。

- Git：Git 是一个版本控制系统，对于专注于 AI 绘画的用户来说，它类似于一个专用的下载器，用于获取 AI 绘画所需的各种资源和文件。

接下来介绍前置软件的安装步骤。

1.Python的安装步骤

01 在程序文件夹中找到Python程序，如图2-1所示。

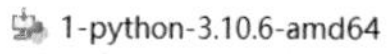

🗔 1-python-3.10.6-amd64

图2-1

02 双击安装程序图标，弹出的安装界面如图2-2所示，勾选Add Python 3.10 to PATH复选框，单击"Customize installation"选项按钮自定义安装，进入下一步。

图2-2

03 单击Next按钮，开始安装，如图2-3所示。

图2-3

04 系统默认的安装位置是C盘，这里选择D盘，C盘容易空间不够。单击Install按钮开始下载文件，如图2-4所示。

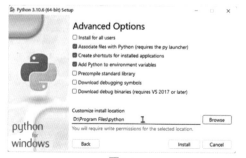

图2-4

05 Python安装完成，单击Close按钮结束安装，如图2-5所示。

图2-5

2. VS.Code的安装步骤

01 在文件夹中找到VS.Code安装程序图标，如图2-6所示。

✖ 2-VSCodeUserSetup-x64-1.68.1

图2-6

02 双击程序图标，弹出的安装界面如图2-7所示，选中"我同意此协议"单选按钮，再单击"下一步"按钮。

图2-7

03 单击"浏览"按钮，指定VS.Code的安装位置，再单击"下一步"按钮，如图2-8所示。

图2-8

04 进入图2-9所示界面后，单击"下一步"按钮。

图2-9

05 按照图2-10所示勾选相应的复选框，单击"下一步"按钮。

图2-10

06 单击"安装"按钮，开始安装，如图2-11所示。

图2-11

07 安装程序显示VS.Code安装完成，如图2-12所示，单击"完成"按钮结束安装。下面继续安装Git软件。

图2-12

3.Git的安装步骤

01 双击Git程序图标，打开的安装界面如图2-13所示，单击Next按钮开始安装。

图2-13

02 指定Git程序的安装位置，单击Next按钮，如图2-14所示。

图2-14

03 在图2-15所示界面中保持默认设置，单击Next按钮。

图2-15

04 继续单击Next按钮，如图2-16所示。

图2-16

05 单击下拉箭头按钮，如图2-17所示。

图2-17

06 在打开的下拉列表中选择Use Visual Studio Code as Git's default editor选项，如图2-18所示，再单击Next按钮。

07 在接下来弹出的界面中全部保持默认选项设置，直接单击Next按钮，直至弹出安装界面，单击

Install按钮进行安装，如图2-19所示。

图2-18

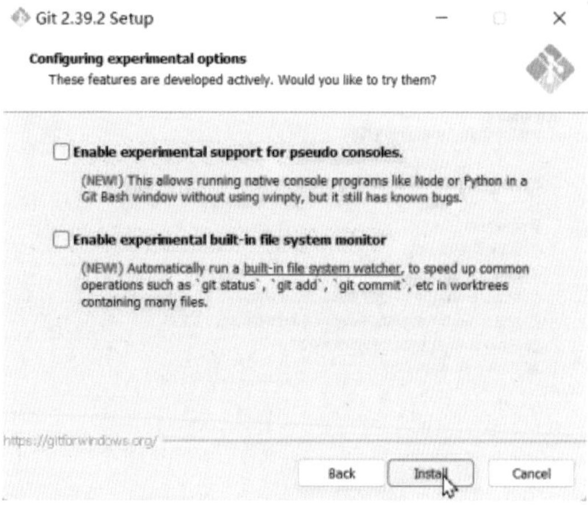

图2-19

08 Git安装完成，如图2-20所示。

图2-20

Completing the Git Setup Wizard

4.Stable Diffusion的安装步骤

01 下载Stable Diffusion的安装整合包，解压图2-21所示的第二个压缩包，放到除C盘之外的位置，这个文件就是Stable Diffusion的程序文件。

sd-webui启动器	2023/3/3 15:00	文件夹
(解压到文件夹) novelai-webui-aki-v3.zip	2023/3/3 14:41	WinRAR ZIP 压缩... 10,470,27...

图2-21

02　打开图2-22所示的文件夹，找到并双击"启动器运行依赖"文件，在弹出的安装界面中单击"安装"按钮，如图2-23所示。

sd-webui启动器	2023/3/3 15:00	文件夹
(解压到文件夹) novelai-webui-aki-v3.zip	2023/3/3 14:41	WinRAR ZIP 压缩... 10,470,27...

图2-22

图2-23

03　解压图2-24所示的启动器到Stable Diffusion的文件夹内，进入Stable Diffusion的根目录即可看到解压的启动器程序，如图2-25所示。

图2-24

> Data (D:) > AI绘画软件 > stable diffusion

名称	修改日期	类型
tags	2023-01-27 18:06	文件夹
tcl	2023-05-19 14:51	文件夹
test	2023-01-29 10:52	文件夹
textual_inversion	2022-12-16 15:33	文件夹
textual_inversion_templates	2022-11-21 11:33	文件夹
tmp	2023-05-28 12:23	文件夹
Tools	2023-05-19 14:50	文件夹
.gitignore	2023-01-29 10:52	文本文档
.pylintrc	2022-11-21 11:33	PYLINTRC 文件
A启动器	2023-05-21 10:43	应用程序
A用户协议	2023-05-21 10:58	文本文档

图2-25

04　双击"A启动器"程序文件，首先检查新版本并进行更新。

05　更新完成后再次双击启动器，进入图2-26所示的页面。

图2-26

06　在页面左侧找到"高级选项"标签，根据计算机的配置情况设置"显存优化"选项，如图2-27所示。

图2-27

07　单击页面右下角"一键启动"按钮，启动Stable Diffusion，如图2-28所示。

图2-28

08　第一次使用时，需要签写一个"用户协议"，如图2-29所示。

图2-29

09　在"请在这里的冒号后打入："提示词后手动

输入"我已阅读并同意用户协议",然后执行"文件"|"保存"命令保存协议。

注意：在输入完"我已阅读并同意用户协议"后按键盘上的向下键，检查是否有空行，如果有空行要将其删除，否则不能通过软件的识别，也就没办法启动软件。并且一定要将协议保存好，再单击右上角的"关闭"按钮，如图2-30所示。

图2-30

⑩ 当看到如图2-31所示页面时，需要关闭启动器重新打开。

图2-31

⑪ 单击图2-28 所示的"一键启动"按钮，当看到如图2-32所示界面时，下方会出现一个网址，将网址复制到浏览器打开即可。

图2-32

⑫ 当看到如图2-33所示的界面，说明已经安装成功，能正常使用Stable Diffusion软件。

图2-33

2.2 Stable Diffusion 界面

图2-34所示是Stable Diffusion的webUI文生图界面，主要分为7个板块。

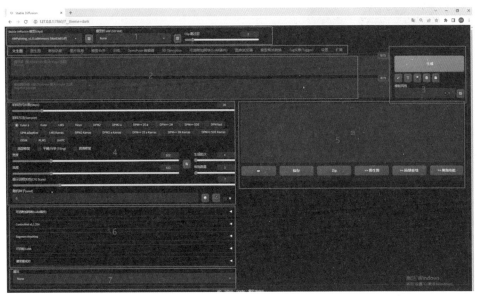

图2-34

（1）大模型板块。包含选择大模型、VAE功能区、Clip跳过层功能区。

（2）导航栏。包含文生图、图生图、附件功能、设置等多个功能筛选按钮。

（3）功能按钮区。包含生成按钮、载入上一次数据信息按钮、清空按钮等多个功能按钮。

（4）参数区。包含生成图片需要调节的各类参数，包括采样迭代步数、采样方法等。

（5）图片生成区。生成的图片会显示在这里。

（6）插件功能区。安装的插件显示在这里。

（7）脚本功能区。可以使用Stable diffusion各脚本。

2.3 生成自己的第一张 AI 图

打开webUI的文生图界面，选择Stable Diffusion模型为"AWPainting_v1.0"，在提示词输入框内输入提示词"1girl"，如图2-35所示。

图2-35

其他参数保持为默认状态，如图2-36所示。

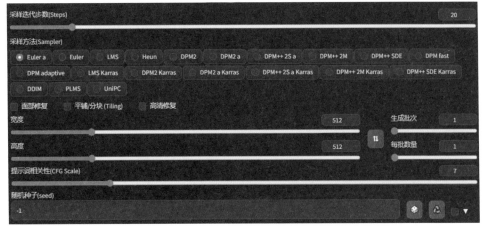

图2-36

13

单击"生成"按钮，很快Stable Diffusion就生成了一张小女孩的图像，如图2-37所示。

图2-37

2.4 扩散模型原理

扩散模型使用机器学习算法来学习大量的图像样本，通过对这些样本的分析和比对，模型可以学习图像组成的规律和特征，从而能够生成更加逼真的图像。AI绘画模型中最常用的是基于深度学习的生成对抗网络（GAN）模型，其中生成器负责生成高质量的图像，鉴别器则负责辨别图像的真伪。通过这样的方式，GAN可以不断调整生成器的参数，提高模型的生成能力，使其生成的结果更加接近真实世界中的图像。

2.4.1 模型是如何学习的

模型学习是一种很有意思的方法，它模仿了人类的学习过程。可以设想，人类在学习新东西的过程中，会不断地犯错，在试错的过程中不断地修正自己的理解，使自己能够更好地适应新的环境和情况。与此类似，该模型也在不断地进行学习与修正，以改善其性能与预测能力，如图2-38所示。

人类学习过程

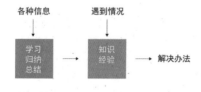

图2-38

再对比看看所谓的"机器学习"，如图2-39所示。

机器学习过程

图2-39

机器和人类学习的过程类似：人类学习通过不断地观察、不断地积累经验，把海量的信息转换成知识；机器学习是在对海量数据进行分析的过程中，从这些数据中学习出规律，进而产生相应的模型。当需要对新情况做出决策时，人类会运用已有的知识和方法来做出决策，机器则会使用生成的模型来进行预测和推理。不同的是，人的学习过程更复杂、更灵活，而机器学习的速度更快、效率更高。

图2-40所示是模型学习的过程。

模型学习过程

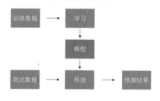

图2-40

在模型学习的过程中，最核心的步骤就是将"训练数据"输入到"训练算法"中，然后通过训练算法逐渐提取数据的特征，进而构建出一个"模型"。这个"模型"可以被视为是一个"智能工具箱"，可以被用于实际的"预测"工作。

因此，可以发现，模型中所包含的特征和知识经验的数量越多，在预测阶段的准确率就越高；反之，如果模型越小或者中间的特征数据越少，可能会导致最终预测结果的准确率降低。

2.4.2 生成图片时，发生了什么

下面再看图片AIGC的基本用户操作交互过程。

● 输入提示词（prompt）→单击"生成"按钮（或者执行imagine命令）→图片从9%~90%刷新（从模糊到清晰）→图片完全生成。

文字生成图片的机制十分复杂，详细步骤可以简化为以下几步。

1. Prompt Encoder过程（Text Encoder）

模型将潜在空间的随机种子和文本提示词（prompt）同时作为输入材料，然后使用潜在空间的种子生成64×64大小的随机潜在图像表示，通过CLIP的文本编码器将输入的文本提示转换为77×768大小的文本嵌入。

2. 使用U-Net进行Diffusion过程

使用经过修改、含注意力机制的U-Net，在接受文本嵌入作为注意力机制计算对象的同时，迭代地对随机潜在图像表示进行去噪。U-Net 的输出是噪声的残差，用于通过scheduler 程序算法计算去噪的潜在图像表示。scheduler 算法根据先前的噪声表示和预测的噪声残差计算预测的去噪图像表示。去噪过程重复50~90次，这样可以逐步检索更好的潜在图像表示。

3. 潜在图片通过VAE进行解码

当上面的步骤完成，潜在图像表示就会由变分自编码器的解码器部分进行解码，输出图片，工作过程完成。

2.4.3　CLIP：图片和描述词的关系如何建立

CLIP的英文全称是Contrastive Language-Image Pre-training，是一种基于对比文本-图像对的预训练模型。互联网上较容易搜集到大量成对的文本和图像，对于任何一个图像文本对而言，文本其实可以认为是图像的标签。CLIP的训练数据是文本-图像对：一张图像和它对应的文本描述，通过对比学习，模型能够学习到文本-图像对的匹配关系。如图2-41所示，CLIP包括两个模型，Text Encoder和Image Encoder。其中Text Encoder用来提取文本的特征，可以采用NLP中常用的Text Transformer模型；而Image Encoder用来提取图像的特征，可以采用常用的CNN模型或者Vision Transformer。简单来说，就是把文字和图片放到一个矩阵空间里，用来解决文本到图片的映射和相似性交集，方便通过文本找到对应图像的分布模型。

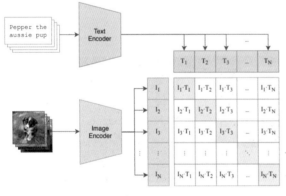
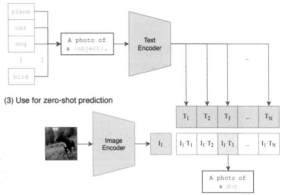

图2-41　CLIP的工作过程

从图2-41所示中观察 Contrastive pre-training的过程，是对提取的文本特征和图像特征进行对比学习。对于一个包含N个文本-图像对的训练batch，将 N 个文本特征和 N 个图像特征两两组合，CLIP模型会预测出 N^2 个可能的文本-图像对的相似度，这里的相似度直接计算文本特征和图像特征的余弦相似性（cosine similarity），即图2-41所示的矩阵。如果共有 N 个正样本，即真正属于一对的文本和图像（矩阵中的对角线元素），而剩余的 N^2-N 个文本-图像对为负样本，那么CLIP的训练目标就是最大化 N 个正样本的相似度，同时最小化 N^2-N 个负样本的相似度，这个就是大概训练环节的工作原理。

2.5　五类模型辨析

Stable Diffusion的模型大概分为5种，分别是大模型、embedding、hypernetwork、LoRA、VAE。它们是由多个图片数据组成的，其中蕴含了各种算法的综合应用，每一个模型都是很多风格类似图片的合集。Stable Diffusion通过这些不同的模型组合，可以生成高质量的图像，并在不同领域中得到广泛的应用。

2.5.1 大模型

在使用Stable Diffusion生成高质量图片时，首先需要加载合适的大模型。加载大模型的过程并不复杂，但需要一些注意事项。首先，用户需要确认所需的大模型文件的信息，通常大模型文件的文件扩展名是ckpt或safetensors，文件大小在2GB以上。确定之后，用户可以将大模型文件放在Stable Diffusion根目录下的models-Stable-Diffusion子目录中，并刷新Web页面，即可使用所需的大模型。

在Stable Diffusion的界面中，单击左上角的Stable Diffusion模型选项栏，可以选择所需的大模型，如图2-42所示。在这个选项栏中，用户可以看到所有可用的模型列表，并可以根据需要来选择相应的模型。这种方式简单明了，适合不太熟悉模型的用户。

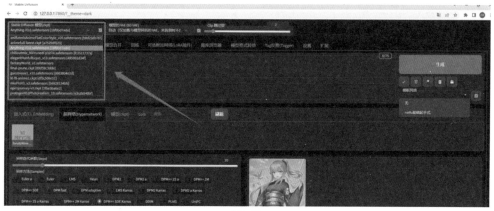

图2-42

另外一种方式是使用Stable Diffusion的附加网络面板功能。用户可以通过单击界面上的"显示附加网络面板"按钮，打开一个新的面板，如图2-43所示。

图2-43

在该面板中，用户可以选择所需的模型，并进行一些其他的参数设置，如图2-44所示。这种方式更适合对模型有一定了解的用户，因为它提供了更多的自定义选项。

图2-44

在选择合适的大模型之后，就可以开始使用Stable Diffusion生成高质量的图片了。

模型的下载有两种方式。一种是在启动器下载，打开Stable Diffusion启动器，单击左侧工具栏上的"模型管理"按钮，如图2-45所示。

图2-45

在Stable Diffusion模型栏目中找到需要下载的大模型，单击"下载"按钮即可下载。下载完成后，刷新Web页面即可开始使用，如图2-46所示。

图2-46

另外一种方式是在C站下载。在C站网站的右侧筛选栏筛选出使用了大模型的作品，在搜索出来的作品页面，单击右侧的"下载"按钮，将卜载的大模型文件放在Stable Diffusion根目录下的models-Stable-Diffusion子目录中即可，如图2-47所示。

图2-47

Stable Diffusion是一种先进的生成模型，它可以使用深度学习技术生成高质量的图片。然而，要想让这种模型正常运行并生成出高质量的图片，必须先加载大规模的模型数据集。这相当于让模型学习许多作品风格和特点，从而能够更好地模仿出类似的画作。

通过加载合适的模型数据，可以提高模型的准确性和可靠性，并且使生成的图片更加真实和细致。例如，如果要生成照片类的图片，可以使用类照片模型，如Chilloutmix模型。在输入提示词girl的情况下，该模型生成了一张非常逼真的女孩照片，如图2-48所示。

图2-48

然而，如果想要生成日漫风格的人物图片，就需要选择更适合该风格的模型。在这种情况下，使用类照片模型就不再合适，因为该模型不具备生成日漫风格图片的能力，尽管输入提示词girl 和Japanese anime，但使用类照片模型生成的图片并不准确，不符合预期，如图2-49所示。

图2-49

为了生成更符合预期的图片，可以选择适合日漫风格的模型，如anything v3模型。在正确加载了该模型后，输入相同的提示词 girl 和 Japanese anime，生成的图片就非常精准了，符合期望，如图2-50所示。

图2-50

不同的模型适用于不同的图片类型和风格，因此在选择模型时需要仔细考虑。同时，输入的提示词也会对生成的图片结果产生影响，需要根据具体需求选择合适的提示词。总之，稳定的模型和准确的提示词选择是生成高质量图片的关键因素。

2.5.2 embedding

嵌入（embedding）也称文本反转（textual inversion），是一种将自然语言文本转换为矢量表示的技术。简单来说，就是将每个词映射到一个高维矢量空间中，从而可以使用矢量运算来实现文本处理和分析。在Stable Diffusion中，嵌入技术被用于生成图片，也称为提示词打包。在传统的生成图片方式中，需要输入大量的提示词才能生成稳定的图片，但是引入嵌入后，可以将多个提示词打包成一个矢量，只需要输入一个词就可以代表很多提示词。这样不仅可以简化输入，还可以提高图片生成的稳定性和准确性。

下面来看个例子。

每张图都需要极多的提示词，才能稳定生成图片，如图2-51所示。

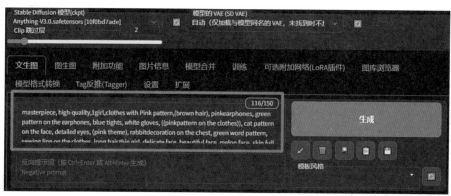

图2-51

引入embedding后，很多提示词打包，之后同样的内容只需要输入一个词就可以了，如图2-52所示。

图2-52

嵌入技术（embedding）在文件容量极小的情况下，成功地引导了Stable Diffusion生成更符合期望的图片，同时还保持了较好的生成效果。这项技术通过将多个提示词打包成一个向量，实现了高效的输入方式。相比传统的输入方式，嵌入技术不仅减少了输入量，还增强了Stable Diffusion的生成能力。嵌入技术使得Stable Diffusion能够更好地理解用户的输入，并生成更加准确和稳定的图片。由此，嵌入技术成为了Stable Diffusion的重要特性之一，让用户可以更加轻松地实现自己的创意想法。

1. **存放embedding文件**

将embedding文件放在Stable Diffusion根目录下的embeddings子目录中，放入后刷新Web页面，即可使用所需的embedding。

2. **选择embedding**

01 使用Stable Diffusion的附加网络面板功能。用户可以通过单击界面上的"显示附加网络面板"按钮，打开一个新的面板，如图2-53所示。

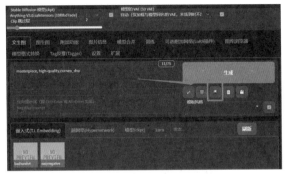

图2-53

02 在该面板中，用户可以选择所需的embedding，如图2-54所示。

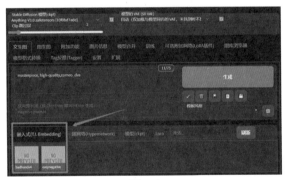

图2-54

3. **下载embedding**

01 打开Stable Diffusion启动器，单击左侧工具栏上的"模型管理"按钮，如图2-55所示。

图2-55

02 在Stable Diffusion模型栏目中找到需要下载的embedding，单击"下载"按钮即可。下载完成后，刷新Web页面即可开始使用，如图2-56所示。

图2-56

03 或者也可以在C站网站的右侧筛选栏筛选出使用了embedding的作品；筛选项为"Textual Inversion"，如图2-57所示。

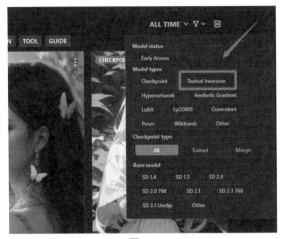

图2-57

04 搜索出来的作品，单击右侧的"下载"按钮，将下载的embedding文件放在Stable Diffusion根目录下的embeddings目录即可。

2.5.3　hypernetwork

hypernetwork中文名为"超网格"。最初是Novel AI研发的一个微调技术，它是一个连接到Stable Diffusion模型上的小型神经网络，用于修改样式。它是Stable Diffusion模型中最关键的部分——噪声预测器（noise predictor）UNet的cross-attention模块。

它的功能与embedding、LoRA类似，都是对图片进行针对性的调整，可以简单地理解为低配版的LoRA，所以它的适用范围比较窄，主要是训练画面风格。它最好的功能是对画面风格的转换，其次也可以训练人物和物品，但是效果不是很好。

1. **存放hypernetwork文件**

将hypernetwork文件放在Stable Diffusion根目录下的models\hypernetworks子目录中，放入后刷新

Web页面，即可使用所需要的hypernetwork。

2. 选择hypernetwork

同样的，在Stable Diffusion的附加网络面板功能中进行选择，如图2-58所示。

图2-58

案例：使用hypernetwork生成像素风格插画。

以像素风格的hypernetwork：LuisapPixelArt_v1为例。

选择hypernetwork后，prompt输入栏会输入<hypernet:LuisapPixelArt_v1:1>的字样，如图2-59所示。

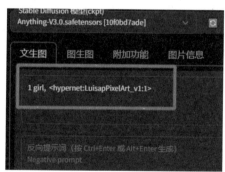

图2-59

这个文本由3个部分组成。

- hypernet表示使用的是hypernetwork。
- LuisapPixelArt_v1表示使用的hypernetwork的文件名。
- 数字1表示hypernetwork的权重值，代表这个hypernetwork多大权重影响出图的结果。

 权重对比。

权重：1

Stable Diffusion大模型：Anything-V3.0

hypernetwork:LuisapPixelArt_v1

prompt:1 boy<hypernet:LuisapPixelArt_v1:1>

采样迭代步数：20

采样方法：Euler a，生成效果如图2-60所示。

图2-60

权重：0.5

Stable Diffusion大模型：Anything-V3.0

hypernetwork:LuisapPixelArt_v1

prompt:1 boy<hypernet:LuisapPixelArt_v1:0.5>

采样迭代步数：20

采样方法：Euler a，生成效果如图2-61所示。

图2-61

图2-60和图2-61所示对比可以看到权重值越低，hypernetwork对画面的影响越小。

02 风格转换。

转换前。

Stable Diffusion大模型：Anything-V3.0

prompt:1 girl

采样迭代步数：20

采样方法：Euler a，生成效果如图2-62所示。

图2-62

使用hypernetwork转换后。

Stable Diffusion大模型：Anything-V3.0

hypernetwork:LuisapPixelArt_v1

prompt:1 girl <hypernet:LuisapPixelArt_v1:0.9>

采样迭代步数：20

采样方法： Euler a，生成效果如图2-63所示。

图2-63

图2-62和图2-63所示对比可以看到在使用了像素风格的hypernetwork之后，图片由日漫风格转变成了像素风格。

3. 下载hypernetwork

同样地，在启动器模型管理模块下载，如图2-64所示。

图2-64

或在C站网站右侧筛选列筛选hypernetwork，就可以看到所有的超网络模型，在其中挑选自己喜欢的即可，如图2-65所示。

图2-65

2.5.4 LoRA

LoRA，英文全称为Low-Rank Adaptation of Large Language Model，直译为大语言模型的低阶适应，这是微软的研究人员为了解决大语言模型微调而开发的一项技术。

它具备对人物和物品的复刻能力，只要挂载LoRA就可以88%复刻指定人物或物品的特征（脸部、手势、细节等）。

1. 与embedding的区别

embedding文件大小通常只有几千字节到几十千字节，而LoRA的文件大小则为几十兆字节到几百兆字节，因此可以看出，LoRA能够携带的数据量远远大于embedding，其效果也更为优秀。embedding多用于还原动漫人物，而涉及还原真人时，通常会使用LoRA。当然，embedding也有其优点，例如在做三视图和多视图的展示时表现更为出色。

2. 存放LoRA文件

将LoRA文件放在Stable Diffusion根目录下的models\LoRA子目录中，放入后刷新Web页面，即可使用所需的LoRA。

3. 选择LoRA

01 使用Stable Diffusion的附加网络面板功能。用户可以通过单击界面上的"显示附加网络面板"按钮，打开一个新的面板，如图2-66所示。

图2-66

02 在该面板中，用户可以选择所需的LoRA，如图2-67所示。

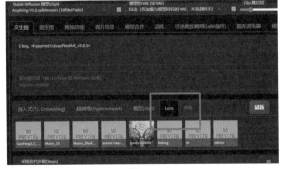

图2-67

4. LoRA的使用技巧

01 用LoRA配套的大模型效果更好。

在训练LoRA时，需要参考某个大模型，如果在使用LoRA时没有使用这个参考模型，最终的处理效果可能不如预期。

下面的例子是同一个LoRA，在相同的参数下使用不同的大模型所得到的效果对比，如图2-68所示。可以发现，不同的大模型会对结果产生很大的影响，有的会表现得很差，有的则会呈现出意外的效果。

LoRA:Moxin_9

prompt:1 girl <LoRA:Moxin_9:0.7>

采样迭代步数：20

采样方法： Euler a

图2-68

在C站网站下载LoRA时，可以在图片详情中查看作者使用的大模型。只需要单击图片右下角的感叹号图标即可，如图2-69所示。

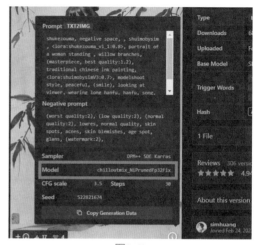

图2-69

02 使用与原作者相同的参数。

同样地，可以在图片详情中查看作者使用的参数，在使用时参考作者的参数，这样图片的效果会更好，如图2-70所示。

图2-70

03 正确设置LoRA的使用权重。

权重的大小会直接影响到图片的处理效果。以图2-71所示为例，使用的是水墨风格的LoRA，从左到右的权重值逐渐减小，对图片的影响也随之减小，越来越不像水墨风格。

图2-71

尽量不要把LoRA的数值设置到1，最好是0.8~0.9，能够提高出图质量；如果只是想带一点LoRA的元素，把LoRA的数值设置为0.4~0.6就可以。

04 一定要使用触发词。

为了让LoRA的效果更好，可以将触发词添加到prompt栏目中，如图2-72所示。触发词通常由LoRA的作者提供，并在下载按钮下方列出。添加触发词可以帮助LoRA更好地理解输入，并产生更准确的输出结果。在使用LoRA时，找到适合的触发词，是获得最佳效果的重要步骤之一。

图2-72

图2-73和图2-74所示是使用触发词与未使用触发词的对比。

图2-73 使用了触发词

图2-74 未使用触发词

LoRA：Moxin_9
prompt:1 girl <LoRA:Moxin_9:0.7> shuimobysim-
,wuchangshuo,bonian,zhenbanqiao,badashanren
采样迭代步数：20
采样方法： Euler a

LoRA：Moxin_9
prompt:1 girl <LoRA:Moxin_9:0.7>
采样迭代步数：20
采样方法： Euler a

2.5.5 VAE

VAE的全称为Variational Autoencoder，中文名为变分自编码器。它的作用有两个，一是滤镜，可以使整个画面看起来色彩更加饱满，不那么灰暗；二是微调，可以在一些细节的形状上进行微调，达到更好的效果。

通过使用VAE，Stable Diffusion生成的图片会更加细致、色彩更加鲜艳，呈现出更多的细节和纹理，具有更高的质感和视觉冲击力。以下是加载了VAE与未加载VAE的对比，如图2-75和图2-76所示。

图2-75 未加载VAE

图2-76 加载了VAE

1. 存放VAE文件

将VAE文件放在Stable Diffusion根目录下的models\VAE子目录中，放入后刷新一下Web页面，即可使用所需的VAE。

2. 选择VAE

在Web页面模型的VAE栏目中进行选择，如图2-77所示。

图2-77

3. 下载VAE

同样地，在启动器模型管理模块下载，如图2-78所示。

图2-78

第3章

妙笔生花：文生图

3.1 提示词

Stable Diffusion的生成方式主要分为文生图和图生图两种。文生图模型可以根据用户提供的文字描述自动生成各种不同类型的图像，如人物、风景、动物、物品等，这种生成方式对于需要基于文字描述快速生成对应图像的应用场景非常有用。

3.1.1 提示词功能

在文生图选项卡中，用户可以看到"提示词"和"反向提示词"两个输入框，如图3-1所示，只需要输入关键词并单击"生成"按钮，即可生成对应的图片。提示词主要用于描述想要的画面，也就是想生成什么就写什么；使用反向提示词则可以筛选掉不需要的画面风格、要素或错误的绘画结果，也就是不想生成什么就写什么。

图3-1

3.1.2 提示词写作思路

为了更好地描述一张图片，通常需要考虑多个要素和特征。
- 提示词的描述逻辑：人物及主体特征（如服饰、发型发色、五官、表情、动作）；场景特征（如室内室外、大场景、小细节）；环境光照（如白天黑夜、特定时段、光、天空）；画幅视角（如距离、人物比例、观察视角、镜头类型）；画质（如高画质、高分辨率）；画风（如插画、二次元、写实）；一些要素（如季节、天气、色调）等。
- 反向提示词的描述逻辑：不想出现在画面里的元素（如低质量、低像素、文字、水印、错误等）。
只有综合考虑这些要素，才能够更好地描述一张图片，并且更准确地表达出想要表达的意思。

3.1.3 提示词语法

1. 内容语法

- 单词：1boy,handsome,sitting ,sofa
- 词组：1handsome boy,sitting on the sofa
- 短句：1handsome boy is sitting on the sofa

以上内容虽然是不同的形式，但是生成的图片内容基本上一样，相差很少。

2. 分隔语法

不同的关键词tag之间，需要使用英文逗号分隔，逗号前后有空格或者换行对结果无影响。

例如：1girl,lolilong,haifldw,twintails （1个女孩，长发，低双马尾）。

越在前面的提示词权重越高，通常主体会放在前面。

3. 增强/减弱语法

- (提示词：权重数值)，默认权重为1，加权重数值后，提示词的权重即增强了对应的倍数。例如(1 girl:2)，即1 girl的权重增加了2倍。
- （提示词），给提示词加上圆括号，提示词的权重增加1.1倍；例如(1 girl)，即1 girl的权重增加1.1倍。
- [提示词]，给提示词加上方括号，提示词权重减弱1.1倍；例如[1 girl]，即1 girl的权重减弱1.1倍。
- 多重嵌套括号，例如((1 girl))，即1 girl的权重增加了1.1×1.1=1.21倍，依次类推。

4. 混合语法

如果想生成一种猫狗混合体的图片（如图3-2所示），但现实中并不存在这一物种。这时，可以运用AND语法，将猫和狗这两种不同的物体混合在一起。这样就可以实现一些独特的创意想法。大模型选择chilloutmix；采样方法选择Euler a。

图3-2

提示词：1 cat AND 1 dog,masterpiece,high quality,8k,highres

反向提示词：((nsfw)),sketches,nude (worst quality:2), (low quality:2), (normal quality:2), lowers, normal quality,(monochrome)).((erayscale))

facing away, looking away

text, error ,extra digit, fewer digits, cropped,jpeg artifacts,signature, watermark, username,blurry,skin spots, acnes, skin blemishes, bad anatomy,fat,bad feet,cropped,poorly drawn hands,poorly drawn face,mutation,deformed

如果想要生成的图片更像猫一点，可以增加猫的权重数值，让画面中的猫形象的元素更多一点，如图3-3所示。

输入：1 cat:1.2 AND 1 dog

图3-3

3.1.4 提示词辅助功能

提示词的辅助功能在"生成"按钮的下方，从左到右依次是"自动提取prompt""清空prompt""显示附加网络面板""选入模板风格"和"保存模板风格"，如图3-4所示。

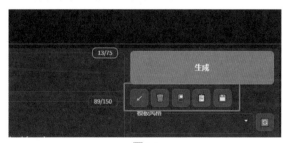

图3-4

- 自动提取prompt：从提示词中自动提取生成参数，若当前提示词为空则从上一次生成的信息中提取。

- 清空prompt：单击"清空prompt"按钮，各项参数会被清空。
- 显示附加网络面板：单击将打开附加网络面板，包含embedding、hypernetwork、大模型、LoRA等功能，如图3-5所示。

图3-5

- 选入模板风格：模板风格是指预先保存的提示词参数，单击"选入模板风格"按钮，就会自动输入这些参数，以达到模板的效果。
- 保存模板风格：单击"保存模板风格"按钮，将会保存当前的提示词参数，下拉模板风格列表可以查看，如图3-6所示。

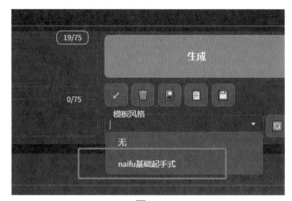

图3-6

要删除已保存的模板风格，需要前往Stable Diffusion根目录下的styles.csv文件，并找到该文件中对应的模板内容，将其删除即可。

3.1.5 提示词参考

1.反向提示词

nsfw Not Safe/Suitable For Work不适合公开场合出现的图

mutated hands and fingers 变异的手和手指

deformed 畸形的

bad anatomy 解剖不良

disfigured 毁容

poorly drawn face 脸部画得不好

mutated 变异的

extra limb 多余的肢体

ugly 丑陋

poorly drawn hands 手部画得很差

missing limb 缺少的肢体

floating limbs 漂浮的四肢

disconnected limbs 肢体不连贯

malformed hands 畸形的手

out of focus 脱离焦点

long neck 长颈

long body 身体长

Watermark 水印

Blurry 模糊

low res低分辨率

worst quality最差质量

Error 错误

2. 提示词

HDR, UHD, 4K, 8K, 64K（质量词）

best quality 最佳质量

masterpiece 杰作

highly detailed 画出更多详细的细节

studio lighting 添加演播室的灯光

ultra-fine painting 超精细绘画

sharp focus 聚焦清晰

physically-based rendering 基于物理渲染

extreme detail description 极其详细的刻画

vivid colors 图片更加色彩鲜艳

bokeh 背景虚化

sketch 素描

painting 绘画

3. 风格提示词

Gothic 哥特式

Ukiyoe 日本浮世绘风格

Traditional Chinese painting 中国国画

coil painting 油画

Realism 现实主义

Film Noir 黑暗风格

water colour painting 水彩画

Romanticism 浪漫主义

Renaissance Art 文艺复兴风格

Neoclassicism 古典主义

Academic art 学院派

Hyperrealism 写实主义

Japonism 日式风格

Baroque 巴洛克式

folk art 民间艺术

ink painting 水墨画

ancient Egypt 古埃及

manuscript 手稿

Academicism 学院主义

Miserablism 愁苦主义

Ancient Greek art 古希腊艺术

Disney style 迪士尼风格

Picos style 皮克斯风格

Illustration 插画风格

Japanese manga style 日本漫画风格

digital illustration 数字插画

dark fantasy style 黑暗幻想风格

Pop art 波普艺术

Impressionism 印象派

Neo-impressionism 后印象派

Fauvism 野兽派

Expressionism 表现主义

Abstract Expressionism 抽象表现主义

Cubism 立体主义

contemporary art 当代艺术

anime style 动画风格

cartoon 动画

visionary art 视觉艺术

comic book 漫画书

Streampunk 蒸汽朋克

dark theme 黑暗主题

miniature model film 微缩模型电影

DC Comics 能生成美漫封面的漫画画面

Pixiv 纯二次元风格人像

style ofAl Williamson 威廉森风格

Bauhaus Style 包豪斯风格

Warhol 安迪·沃霍尔风格

Luminsm 光色主义

Magic Realism 魔幻现实主义

Fantastic Realism 幻想现实主义

Classical Realism 批判现实主义

Pixel art 像素艺术

Contemporary Realism 当代写实主义

Non-Fiction 纪实的

Synchronism 同步性

Constructivism 建构主义

Surreal，Hyperrealistc 超现实主义

Futuristic 未来主义

ww3 style ww3风格

fantasy 适合科幻场景

fiction 科幻的

science fiction 科幻

sci-fi 科幻风格

Cyber Punk 赛博朋克

concept art 概念艺术

Hyperrealistic 超现实主义

Dark Fantasy 黑暗奇幻

Ethereal Fantasy 飘渺奇幻

4. 视角提示词

dynamic angle 动态角度

from the left 从左侧视角

from the right 从右侧视角

from above 从上方

from below 从下面

looking up 从下往上看

looking down 从上往下看

top down 从正上方往下看

side view up 从侧面往上看

side view down 从侧面往下看

subject look up 从人物的角度往上看

subject look down 从人物的角度往下看

ground view up 在地面往上看

ground view down 在地面往下看

panoramic view 全景

wide shot 广角宽景

wide-angle view 广角

aerial view 空中俯瞰视图

bird view 在高处往下看

bird's-eye view 鸟瞰视角

worm's eye view 蚯蚓视角

angled 带有角度的视角

low-angle view 低角度视角

top-down 俯视视角

zoomed in 放大镜效果

zoomed out 缩小镜效果

top-down view 俯视

high-angle view 高角度视角

eye level view/level gaze/straight gaze 平视

close-up view 特写

extreme close-up view 极端特写

blur 模糊

motion blur 高速运动

portrait 人物特写
macro 微距

3.2 图片采样

在图像生成过程中，如何从一个完全随机的图像准确、高效地生成出一个清晰、有创意的图像，一直是人工智能领域的难题之一。Stable Diffusion采用了一种创新的采样方法，即通过噪声预测器实现去噪过程，从而不断优化生成图像的质量。在每个步骤中，Stable Diffusion都会生成一张新的采样后的图像，通过多次重复这个过程，最终可以得到一个高质量的图像。

3.2.1 采样器基础原理

一个标准的Stable Diffusion模型有两个工作步骤——前向扩散过程和后向的去噪、复原以及生成目标的过程。前向过程不断向输入数据中添加噪声，而采样器主要在后向过程中负责去噪的过程，如图3-7所示。

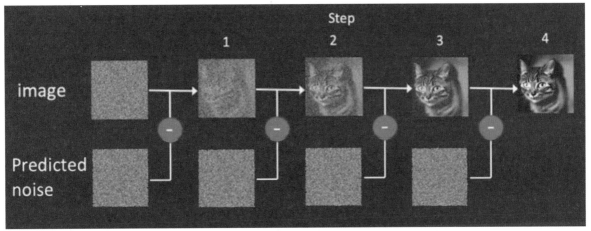

图3-7 采样器主要负责去噪的过程

在图像生成前，模型会在Latent Space中生成一个完全随机的图像，然后噪声预测器会开始工作，从图像中减去预测的噪声。这个步骤会不断重复，Stable Diffusion在每一步都会生成一张新的采样后的图像，最终可以得到一个清晰的图像。整个去噪的过程即为采样，使用的采样手段即为采样器，或称为采样方法。

3.2.2 采样迭代步数

采样迭代步数就像一位画家在作画，如果迭代步数为5，相当于画家只勾勒了5笔，因此画面比较模糊；如果迭代步数为30，则相当于画家勾勒更多的笔画，画面的细节和清晰度也会相应提高。因此，采样迭代步数越高，图片的细节处理也就越精细，同时花费的时间和计算机资源也会更多。

3.2.3 采样器的选择

不同的采样器在去噪的过程中采样方法各有不同，因此得到的图像也会不一样，采样器的种类按照SD webUI的顺序，如图3-8所示。

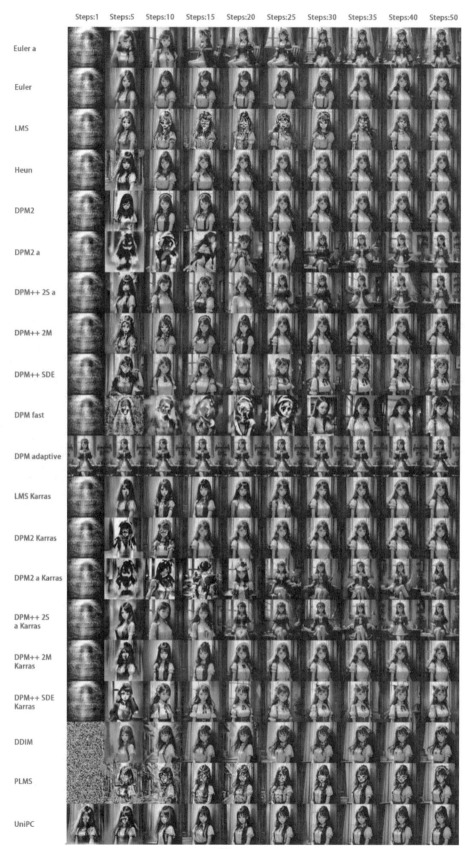

图3-8

下面是同样的参数，不同采样器，不同迭代步数下的效果比较。

- Euler——在K-Diffusion实现，20~30步就能生成效果不错的图片，采样器设置页面中的sigma noise，sigma tmin和sigma churn这三个属性会影响到它。
- Euler a——使用了祖先采样（ancestral sampling）的Euler方法，受采样器设置中的eta参数影响。
- LMS——线性多步调度器（linear multistep scheduler）源于K-Diffusion的项目实现。
- Heun——基于Karras的论文，在K-Diffusion中实现，受采样器设置页面中的sigma参数影响。
- DPM2——是Katherine Crowson在K-Diffusion项目中自创的，灵感来源于Karras论文中的DPM-Solver-2和算法2，受采样器设置页面中的sigma参数影响。
- DPM2 a——使用了祖先采样（ancestral sampling）的DPM2方法，受采样器设置中的eta参数影响。
- DPM++ 2S a——在K-Diffusion中实现的2阶单步并使用了祖先采样（ancestral sampling）的方法，受采样器设置中的eta参数影响。
- DPM++ 2M——在K-Diffusion中实现的2阶多步采样方法，在hagging face中Diffusers中被称为已知最强调度器，对速度和质量的平衡最好。
- DPM++ SDE——DPM++的SDE版本，即随机微分方程（stochastic differential equations），而DPM++原本是ODE的求解器，即常微分方程（ordinary differential equations），在K-Diffusion实现的版本，代码中调用了祖先采样（ancestral sampling）方法，所以受采样器设置中的eta参数影响。
- DPM fast——在K-Diffusion中实现的固定步长采样方法，用于步数小于20的情况，受采样器设置中的eta参数影响。
- DPM adaptive——在K-Diffusion中实现的自适应步长采样方法，DPM-Solver-12 和 23受采样器设置中的eta参数影响。
- Karras后缀——LMS Karras，运用了相关Karras的noise schedule的方法，可以算作

是LMS使用Karras noise schedule的版本；DPM2 Karras、DPM2 a Karras、DPM++ 2S a Karras、DPM++ 2M Karras、DPM++ SDE Karras这些含有Karras名字的采样方法和上面LMS Karras意思相同，都是相当于使用Karras noise schedule的版本。

- DDIM——"官方采样器"随latent Diffusion的最初repository一起出现，基于Jiaming Song等人的论文，也是目前最容易被当作对比对象的采样方法，它在采样器设置界面有自己的eta。
- PLMS——同样是元老，随latent Diffusion的最初repository一起出现。
- UniPC——最新被添加到webUI中的采样器，应该是目前最快最新的采样方法，9步就可以生成高质量结果。

通过观察不同采样器和不同迭代步数下的效果，可以看到它们之间有相当大的差异，用户可以根据自己所需的风格和个人喜好进行选择。如果不想逐一对比不同的选项，以下是几个推荐的选择：如果想要稳定的效果，可以选择DPM++ 2M或DPM++ 2M Karras或UniPC；如果想要一些惊喜和变化，可以选择Euler a、DPM++ SDE、DPM++ SDE Karras或DPM2 a Karras。

3.3　面部修复与高清修复

在图像生成过程中，面部特征和清晰度的处理一直是被重点关注的问题。图像生成可能出现脸部特征不完整、畸变失真或清晰度低下等问题，这时需要使用面部修复技术进行修正，保证生成效果的质量。高清修复技术能够通过放大算法对画面进行精细化处理，改进脸部的细节和清晰度，从而使生成的图像在整体上更加完美细致。因此，在图像生成技术中，面部修复和高清修复技术的优化和改进，能够有效提高图像生成的质量和用户的使用体验。

3.3.1　面部修复

"面部修复"复选框位于采样方法模块下方，勾选后即可使用，如图3-9所示。

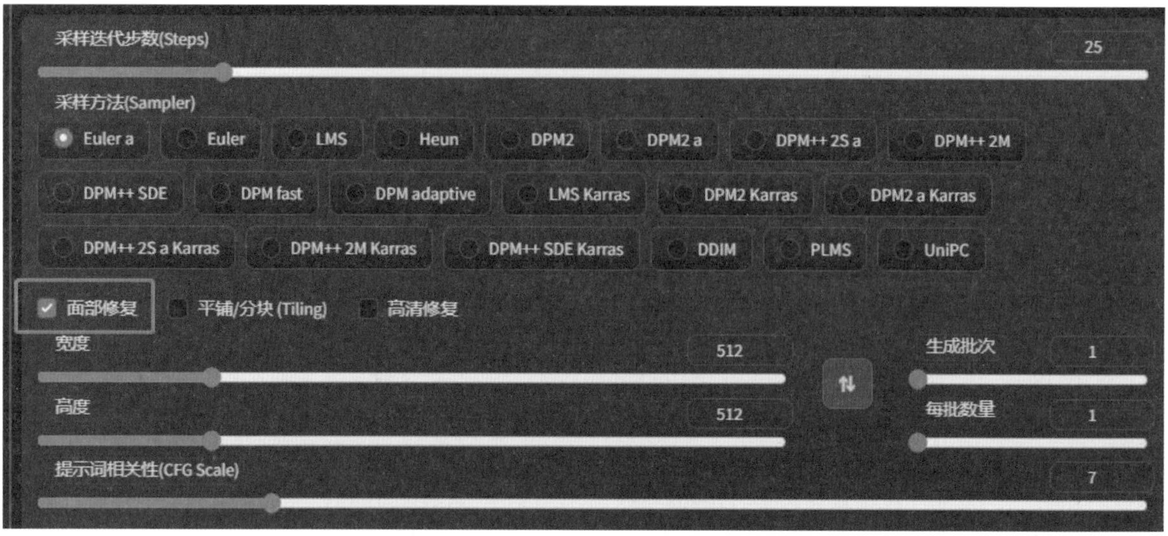

採样迭代步数(Steps)　25

採样方法(Sampler)

○ Euler a　○ Euler　○ LMS　○ Heun　○ DPM2　○ DPM2 a　○ DPM++ 2S a　○ DPM++ 2M

○ DPM++ SDE　○ DPM fast　○ DPM adaptive　○ LMS Karras　○ DPM2 Karras　○ DPM2 a Karras

○ DPM++ 2S a Karras　○ DPM++ 2M Karras　○ DPM++ SDE Karras　○ DDIM　○ PLMS　○ UniPC

☑ 面部修复　□ 平铺/分块 (Tiling)　□ 高清修复

宽度　512　生成批次　1

高度　512　每批数量　1

提示词相关性(CFG Scale)　7

图3-9

面部修复适用于绘制真人或二次元角色。尤其是在绘制全身图像，由于脸部在整个画面中所占比例较小，因此绘制的效果可能并不理想。但是，通过选择面部修复选项，可以对脸部进行修复，使其更加自然，并提高画面的整体质量。

下面来看一个例子。

未使用面部修复时如图3-10所示。

图3-10

大模型选择chilloutmix；采样方法选择Euler a。使用面部修复之后如图3-11所示。

输入提示词：1 girl,full body,masterpiece, high quality

图3-11

3.3.2　高清修复

"高清修复"模块位于"面部修复"复选框旁边，勾选后可显示高清修复模块的功能。高清修复的原理是将原始分辨率的图像放大并进行绘制，绘制完成后再进行还原，从而实现对脸部的优化。

启用高清修复模块会增加计算机的资源消耗。在其中有几个参数可以调整。

● 放大算法：推荐使用R-ESRGAN 4x+算法，用于改善真实人物或三维角色的脸部；对于二次元角色，推荐使用R-ESRGAN 4x+

Anime6B算法。
- 高清修复采样次数：建议直接使用0，表示使用原始图像的采样步骤。
- 重绘幅度（去噪）：这决定了修复图像与原图像之间的相似度，数值越小表示两者越相似，数值越大则修复图像与原图像之间关联越小。
- 放大倍率：通常设置为2倍。过大的放大倍率可能会超出计算机配置的承受范围，如图3-12所示。

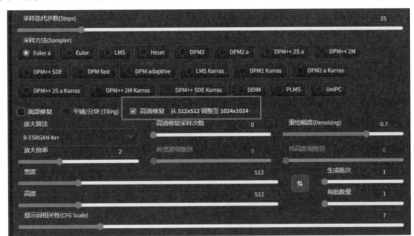

图3-12

3.4　分辨率与生成批次

在图像生成过程中，设置图像的分辨率、生成批次以及每批数量等参数是调整生成效果的关键。分辨率的高低会影响到图像的清晰度和细节，而生成批次和每批数量则会影响到生成图像的速度和质量。选择更多的批次也意味着可以同时得到更多的方案，选择适合自己计算机配置的生成方式是非常重要的，可以在提高生成效果的同时避免计算机负荷过大。

3.4.1　高度与宽度

高度与宽度表示生成图片的分辨率，数值为64~2048。

进入 SD webUI 页面后，默认的图片分辨率是 512×512，如图3-13所示。在 SD 1.5 模型的训练中，大多数图片的分辨率都是 512×512，因此这个分辨率在出图时也能获得最佳效果。同时，考虑到性能的因素，512×512 可以满足质量要求，并且机器配置的要求也适中。如果分辨率设置过大，显存占用就越大，生成时间变慢，可能会导致计算机显卡崩溃，从而导致 SD 报错。因此，在追求较好效果时，至少应该将参数设置在 512~768 的范围内，这样可以保证出图质量的稳定。

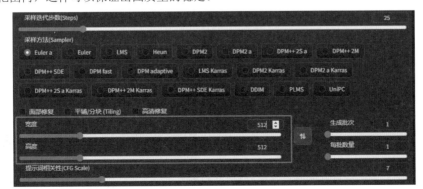

图3-13

直接生成分辨率高的大图，可能会出现构图混乱的情况，若出现这种情况建议先生成低分辨率的小图，确保构图和元素的准确性，然后再使用高清修复模块进行放大，生成高分辨率的大图。

3.4.2　生成批次与每批数量

对于选择哪种方式批量生成图像，可以根据自己计算机的配置来决定，如图3-14所示。如果计算机配置比较高，可以选择每批数量的方式生成图像，速度会更快。否则建议选择增加批次数的方式，每批次生成一张图像，以免计算机负荷过大。

- 生成批次：表示一次生成多少批次的图像。
- 每批数量：表示一批次生成多少张图像，其中包含一张概览图。

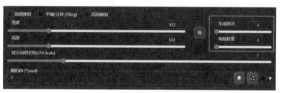

图3-14

3.5　提示词相关性与随机种子

在AI图像生成领域中，开发者们一直致力于提高生成图像的质量和多样性，而CFG指数在图像生成中的应用对于优化生成效果有着重要的影响。CFG指数是一个重要的参数，可用于调整文本提示对于图像生成的引导程度。不同的CFG值会对生成效果产生不同的影响，CFG值越高，提示词对生成的图像影响越大。同时与CFG相关的还有随机种子值，在选择合适的CFG和随机种子值之后，可以获得高质量的、有创意的图像生成效果。然而，CFG值和随机种子值是存在相互制约和影响的，需要进行合理的调整。

3.5.1　提示词相关性

classifier-free guidance scale即CGF指数，用来调节文本提示对扩散过程的引导程度。数值越高提示词对生成的图片影响越大。

- 当CFG为0~1时，图像效果较差。
- 当CFG为2~6时，生成的图像比较有创意。
- 当CFG处于7~12时，图像效果较好，既有创意，也能知道文本提示。

- 当CFG为8~15时，提示词会对作品产生更大影响，对比度和饱和度会上升。
- 当CFG为18~30时，画面会逐渐崩坏，可以通过增加采样迭代步数来降低崩坏程度。

3.5.2　随机种子

默认的随机种子值为﹣1，如图3-15所示。表示每次生成图像都会随机选择一个种子进行生成。

图3-15

如果希望生成的图像形式与某张图像相似，则需要知道该图像对应的种子值，Stable Diffusion将以该图像的形式进行生成。

在已生成的图片详情中可以查看该图片的种子值，如图3-16所示。

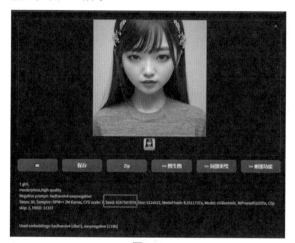

图3-16

3.5.3　差异随机种子

在"更多"选项中，可以看到"差异随机种子"的设置选项，如图3-17所示。使用差异随机种子，可以将其与随机种子相融合，以便根据需要调整图像的偏差程度。如果差异强度为0，则没有差异随机种子的影响；如果差异强度为1，则完全没有随机种子的影响。

图3-17

第 4 章

点石成金：图生图

4.1　图生图模式

图生图（image-to-image）是基于文生图（text-to-image）的基础，进一步引入了原始图像作为输入变量，并结合文生图中的一些参数，共同作为输入变量来生成最终的图像结果。

原始图像提供了一种参考和上下文，帮助模型更好地理解文本描述，并生成与原始图像和文本描述相匹配的图像。通过利用原始图像和文本描述的双重信息，图生图模型可以更准确地捕捉到细节和特征，并生成更具表现力和准确性的图像结果。这种设计原理为用户提供了更灵活和个性化的图像生成能力，使得生成的图像更加符合用户的预期和需求。

图4-1所示是图生图模式的具体选项卡界面。

图4-1

4.1.1　图生图提示词补充

使用图生图之前，需要注意的是，假如想要把模特的头发变成绿色，或者有其他要求，就要涉及提示词补充，例如输入 green hair 这样一个提示词，如图4-2所示。最终想要生成什么目标图，就可以在文本框里补充什么样的提示词。

图4-2

出图效果如图4-3所示。

图4-3

4.1.2 图片上传

理解了提示词补充，接下来就可以上传原图，找到如图4-4所示的图片入口。

图4-4

单击上传，就会弹出文件夹，找到要上传的图片，完成上传。

也可将图片直接拖曳到图片上传区域进行图片上传。

4.1.3 缩放模式

图片上传好后，下面就是一些功能模式及参数设置，最先看到的是缩放模式。缩放模式是指当原图和要生成的图的宽和高不一致时，或需要将生成图裁剪或扩充时，可以用到缩放模式，一共包含4种模式。

1. 拉伸

缩放模式默认是拉伸，如图4-5所示。直接拉伸的话，比例不对会出现变形。

若生成图与原图比例不同时，不同的缩放模式有不同的效果。例如把原图分辨率设置成

512×768，如图4-6所示。选择拉伸，局部重绘拉高一点效果更好。

图4-5

图4-6

出图效果如图4-7所示。

图4-7

可以看到拉伸之后，人物偏瘦，这时就可以通过拉伸功能来做一些微调。在操作的过程中可根据原图上出现的红色矩形选取框，大致预览效果，再进行调节。

2. 裁剪

裁剪就是在保证原图不损失的情况下把多余的地方进行裁剪。

在缩放模式中选中"裁剪"单选按钮，如图4-8所示。

图4-8

但是裁剪后拉伸，会丢失原图的部分内容，如图4-9所示。

图4-9

3.填充

当需要对图片进行扩充时，建议选用填充，最终效果会在原图基础上产生新的内容。

选中"填充"单选按钮，如图4-10所示。

图4-10

在宽度上加大数值，例如将宽度×高度设置为1024×512，单击"生成"按钮，如图4-11所示。

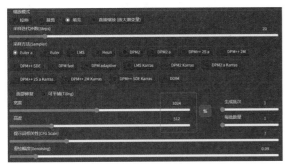

图4-11

出图效果如图4-12所示。

图4-12

在图4-12中，可以看到背景两条边被无限拉长进行填充，背景被拉伸后变得模糊，到这一步还没有结束，这时就需要重绘幅度来辅助，当把重绘幅度拉高时，如图4-13所示，填充的地方就会被铺上噪点，它会根据背景的像素，对其内容进行绘画，背景部分就会重新生成。

图4-13

出图效果如图4-14所示。

图4-14

4.直接缩放（放大潜变量）

缩放模式选中"直接缩放（放大潜变量）"单选按钮，如图4-15所示。它和拉伸的效果一样，拉伸后生成的图片会清晰，而直接缩放生成的图片会变模糊。

图4-15

出图效果如图4-16所示。

图4-16

配合高的重绘幅度进行更多细节添加，效果会更好，如图4-17所示。

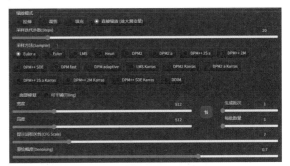

图4-17

出图效果如图4-18所示。

图4-18

直接缩放（放大潜变量）有个好处就是，选择小的重绘幅度，而获得更大的画面转变效果。如果有张尺寸很大的图，但是只需要对图中的一张很小的脸进行处理，就可以用在直接缩放里去调节重绘幅度来生成。

4.1.4 重绘幅度

通过前面的学习，相信读者已经对重绘幅度有了一些认识，这个参数非常重要。那重绘幅度到底是做什么用的呢？其实重绘幅度就是在表达图生图的过程中，用户想要多大程度地去改变原来的图片，如图4-19所示。

图4-19

举个例子，如果是三次元转二次元，首先选择好二次元模型"Anything"，如图4-20所示。

图4-20

把重绘幅度拉低，如图4-21所示。

图4-21

出图效果如图4-22所示。

图4-22

当重绘幅度设置为0.05，就意味着出图效果也只改变5%，人物姿态及背景和原图相比，改变幅度较小。可以把重绘幅度拉到1，如图4-23所示。

图4-23

出图效果如图4-24所示，会发现效果图已经完全变成另外一张图。

图4-24

设置如图4-25所示，再看重绘幅度从0.1~1的图片效果，就更容易理解了。

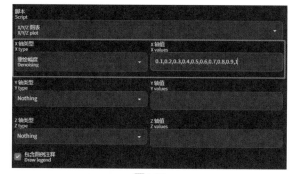

图4-25

出图效果如图4-26所示。

图4-26

通过对比图可以发现，重绘幅度越低，计算机在图片上铺的噪点就越少，噪点通过降噪之后图片的变化就越小，基本是原来图片的模样。如果重绘幅度越高，计算机在图片上铺的噪点就越多，噪点通过降噪之后图片的变化越大，最终生成图片和原图基本上没有任何关系。

4.2 绘图模式

一开始Stable Diffusion是没有绘图功能的，用户在用软件的过程中，如果想要通过图生图在图片上添加太阳或者彩虹等其他物体，会发现没办法生成，只能是在提示词补充里填写相关提示词，但生成的图片并不理想。所以才会有绘图模式的出现，在这个模式下就可以做一些细节的添加。

4.2.1　绘图模式设计原理

绘图模式就是通过手动绘制或者修改图像的局部区域来指导生成器的生成，得到更加符合用户期望的图像。

下面用实例对比一下，例如要在原图背景上加白云，首先想到的就是添加提示词，所以先不使用绘图模式，试试能不能生成想要的图片。

找到提示词文本框，输入 white cloud，同时将重绘幅度拉高，如图4-27所示。

图4-27

出图效果如图4-28所示。

图4-28

可以看到，虽然确实增加了云朵元素，但是图片里的人物或是其他图像也发生了改变。

因此不能直接用在文本框里输入提示词的方式来改变细节。接下来再用绘图模式试试能不能达到预期效果。

点开绘图选项卡，将需要改变的图片上传，原图右上角有画笔，可以调节画笔大小，下面是色盘，可调节画笔颜色，如图4-29所示。

图4-29

如果需要把天空变得更蓝，可以将画笔调成想

要的颜色，在原图想要出现天空的位置涂上颜色，单击"生成"按钮，出图效果如图4-30所示。

图4-30

可以看到效果图中的天空变成了想要的颜色，原图人物基本没有改变，这就是绘图模式。

4.2.2　绘画涂鸦与图片生成

绘图其实就是图生图的一类，有了绘图之后就可以在图片上自由地进行涂抹，达到想要的效果。

例如可以直接在原图上涂鸦，涂鸦中绿色部分是森林，蓝色部分是小河，黄色部分是房子，如图4-31所示。

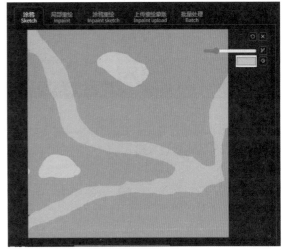

图4-31

为了达到想要的效果，这时候最好使用辅助提示词共同完成。在提示词文本框中输入"river,forests,(2yellow buildings)"，如图4-32所示。

图4-32

"采样方法"选择"Euler a"；"迭代步数"设置为30；"重绘幅度"设置为0.7。参数设置如图4-33所示。

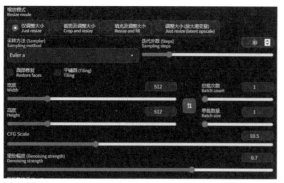

图4-33

出图效果如图4-34和图4-35所示。

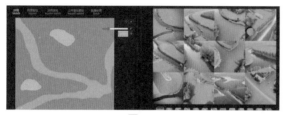

图4-34

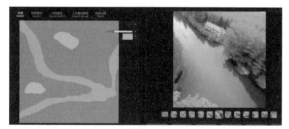

图4-35

所以无论想画什么，都能在Stable Diffusion的帮助下在几秒钟内一键实现。

4.3 局部重绘模式

假如只想在局部涂鸦，那么通过局部重绘用户就可达到目的。

4.3.1 局部重绘设计原理

局部重绘的目的是尽可能地保留原始图像的结构和纹理特征，使修复后的图像看起来更加自然和真实。

下面来看一个案例，怎样给图里的女孩换脸？

01 首先用局部重绘中的画笔，将脸全部涂起来，如图4-36所示。

02 这时候的提示词都是描绘脸蛋的提示词，为了看出效果，可以多出几张图做对比。参数设置如图4-37所示。

图4-36

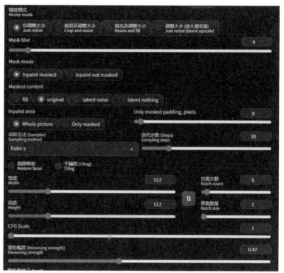

图4-37

03 出图效果如图4-38和图4-39所示。

图4-38

图4-39

可以看到局部重绘只改变了局部涂鸦的位置，其他部分都没有太多改变，不仅很好地保留了原始图像的特征，还使修复后的图像看起来更加自然。

4.3.2 蒙版模糊

蒙版模糊相当于Photoshop中的羽化功能，如图4-40所示。下面通过实例来进一步地了解。

图4-40

有时在局部重绘的过程中，局部蒙版生成时可能会出现一些问题，例如蒙版边缘比较锐利的情况，如图4-41所示，面部生硬有重叠。

图4-41

这时就可以用到蒙版模糊，适度地将蒙版模糊拉高，拉高后它就会综合原来图片的内容进行填充。

出图效果如图4-42所示。

图4-42

为了更好地观察，下面换一张脸部面积更大的图。

01 先在脸部用蒙版随便涂一块，再把重绘幅度拉

低，选择潜变量噪声，通过计算机视角去观察，参数设置如图4-43所示。

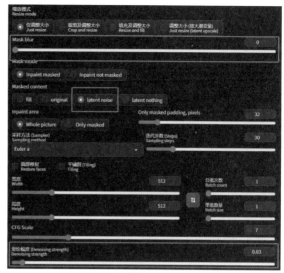

图4-43

02 图4-44所示的蒙版模糊是0，蒙版边缘已经出现了比较生硬的锐利的情况，可以通过拉高蒙版模糊来调整。如图4-45所示，当把数值拉高到35时，会发现蒙版边缘开始虚化，同时噪点区域也越来越小。

图4-44

图4-45

03 生成效果如图4-46所示。

图4-46

04 越使用越会发现，蒙版模糊就是对图像进行羽化。最后的出图效果如图4-47所示。

图4-47

4.3.3 蒙版模式

蒙版模式分为重绘蒙版内容和重绘非蒙版内容。以女孩头像为例，如图4-48所示。

图4-48

1. 重绘蒙版内容

01 选中"重绘蒙版内容"单选按钮，如图4-49所示。

图4-49

02 重绘被涂掉的脸部部分，只改变蒙版中的内容，如图4-50所示。

图4-50

03 出图效果如图4-51所示。

图4-51

2. 重绘非蒙版内容

01 选中"重绘非蒙版内容"单选按钮，如图4-52所示，重新画没有涂掉的部分，如图4-53所示。

图4-52

02 出图效果如图4-54所示。

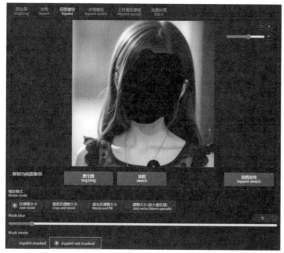

图4-53

图4-54

可以看到，除了蒙版蒙住的地方，其他地方的内容都改变了。以上就是蒙版模式。

4.3.4 蒙版蒙住的内容

蒙版蒙住的内容分为4个部分，分别是填充、原图、潜变量噪声和潜变量数值零。

下面通过计算机视角，看看涂蒙版时，蒙版上到底填充了什么。

注意：首先要把重绘幅度拉低。

1.填充

01 选中填充模式"fill"单选按钮，如图4-55所示。

图4-55

02 在选择填充时，本质上就是把这个蒙版内容的像素给摇匀了，然后得到了类似于灰色的区域，最后它会根据灰色区域的内容进行去噪，如图4-56所示。

图4-56

03 出图效果如图4-57所示。

图4-57

2. 原图

01 选中原图模式 original 单选按钮，如图4-58所示。此时不管如何设置、做任何预处理，最后它都会以原图像素为依据进行生成，前后变化不大。大部分情况都是选择原图。

图4-58

02 出图效果如图4-59所示。

图4-59

43

3. 潜变量噪声

01 选中潜变量噪声模式 latent noise 单选按钮，如图4-60所示。它会把蒙版内容变成一片彩色的噪声，这就是蒙版重绘的像素依据，再一点点去噪，完成图片。

图4-60

02 出图效果如图4-61所示。

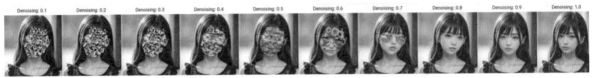

图4-61

4. 潜变量数值零

01 选中潜变量数值零模式 latent nothing 单选按钮，如图4-62所示。不用特别地去理解潜变量的意思，这里可以把"潜变量"去掉，它就是理解为"零"，这个"零"就是一团棕色的区域，进行去噪。

图4-62

02 出图效果如图4-63所示。

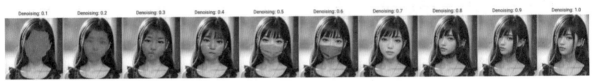

图4-63

综上可得，这4个选项其实差异不大，但是不同的原图会有不同的效果，生成图片时需要自己去尝试。

4.3.5 重绘区域

重绘区域也分为两部分内容，一个是全图，一个是仅蒙版。

1. 全图

选中全图"Whole picture"单选按钮，如图4-64所示。可以通过拉高宽度和高度，在全图区域里进行重绘。因为拉高了高度和宽度，整个图片在同一个地方的密度增高了，所以像素密度提高了，从而 Stable Diffusion能发挥的空间更大了，就能更好地计算出脸部的细节来进行还原。

图4-64

2. 仅蒙版

重绘区域Inpaint area选中全图仅蒙版"Only masked"单选按钮，如图4-65所示。仅蒙版可以很好地解决全图绘制产生的问题，仅蒙版把像素全部塞在了蒙版里，这时就能将生成的图片细节处理得很好。

图4-65

4.3.6 仅蒙版模式的边缘预留像素

这一选项有很大的作用，当仅蒙版模式的边缘预留像素为0时，如图4-66所示，像素密度就会非常高。

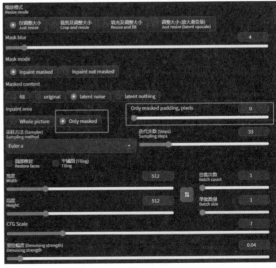

图4-66

以一个模特脸部的蒙版为例。

01▸ 尺寸为512×512的噪声图会贴着模特脸部生成，脸部的像素就会非常密集。如果像素过于密集，甚至会导致在脸部像素中生成一个人，乃至生成一个房间的诡异情景，如图4-67所示。

图4-67

02▸ 为解决这一问题，首先在保证宽度的同时，仅蒙版边缘预留像素，参数设置如图4-68所示。

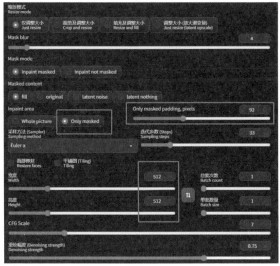

图4-68

03▸ 随着这个值越拉越高，蒙版内容里的像素会越来越稀疏，如图4-69所示。在这样的情况下，出现脸部生成一个房间的诡异图像的概率就会变低。如果预留像素拉到最高，像素会非常大，再来调节高度和宽度，也会影响像素密度的大小，效果也不是很好。

04▸ 出图效果如图4-70所示。

图4-69

图4-70

因为此操作仅对脸部进行修复，即便是使用512×512像素的噪声分辨率，修复效果也会很好。

在仅蒙版模式下，像素密度是由"仅蒙版模式的边缘预留像素"和"宽度"共同决定的。

使用仅蒙版模式，就算是最小的显存，也能去做最大的图。

4.4　局部重绘（手涂蒙版）模式

这一模式可以在蒙版里涂鸦来准确修改图像的细节问题，对比局部重绘模式，它可以更精准地修改图像的局部。

通过画画的方式，改变这个图原来的内容像

素，计算机会根据蒙版内容的颜色分布进行修复，去控制想要改变的局部的生成。

4.4.1 手涂蒙版 UI

举例来说，如果使用局部重绘的方法给模特更换衣服，如图4-71所示。

图4-71

01 需要将衣服的范围涂色，如图4-72所示。

图4-72

02 写上需要的衣服的提示词，如图4-73所示。但如果想要更换的衣服内容很复杂，不仅仅是换个颜色，还需要添加两条紫色的肩带，并且肩带包含黄色扣子、白色花纹等要素，那么用局部重绘就无法达成这样细节的目的。此时，手涂蒙版绘画却能达到想要的结果。

图4-73

03 蒙版边缘模糊度设置为5；蒙版模式选择"重绘蒙版内容"；蒙版区域内容处理选择"原图"；重绘区域选择"整张图片"；仅蒙版区域下边缘预留像素设置为52；"重绘幅度"设置为0.65。参数设置如图4-74所示。

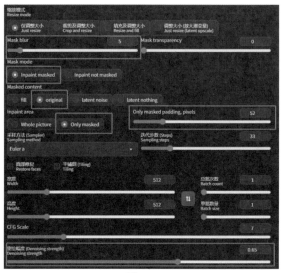

图4-74

04 出图效果如图4-75所示。

图4-75

可以看到，此功能可以将手绘的内容在几秒钟内变成想要的真实效果，从而提高工作效率。

4.4.2 蒙版透明度

局部重绘和手涂蒙版局部重绘之间的差别在于蒙版透明度，如图4-76所示。

图4-76

例如还用上个例子中的图片举例，如果想给模特换条黄裙子，把要换的部分用画笔涂上黄色，蒙版透明度设置为0，重绘幅度拉到最低，通过计算机视角来看，会发现原图被黄色百分之百覆盖。如果把透明度拉高，蒙版就会出现透明度，拉得越高越透明。

出图效果如图4-77所示。

图4-77

把透明度拉到100时，计算机就会报错，叫作数值错误，就相当于局部没有画蒙版，于是就会报错。

4.5　局部重绘（上传蒙版）模式

如果想要把一张图片里模特的衣服换掉，用局部重绘就只能用圆头的画笔去一点点地涂，涂衣服边缘非常费时间，生成时还可能出现边缘不整齐或者缺失等情况，此时局部重绘（上传蒙版）模式就能很好地解决这个问题。

4.5.1　局部重绘（上传蒙版）设计原理

局部重绘（上传蒙版）模式就是局部重绘加上Photoshop的蒙版处理，对需要重绘内容的边界进行了明确的限制。在使用这一模式时需要提前用设计软件Photoshop处理原图生成蒙版。

首先把原图导入到Photoshop，用边缘选择工具把边缘选择出来，复杂的还需要使用画笔工具深入调整细节。然后使用油漆桶工具，把它做成黑白蒙版，上传至Stable Diffusion，即可生成对应的蒙版图片，这样就会节省很多时间。

将黑白蒙版上传后还有个问题。在局部重绘中所画的内容就是蒙版，但是在Photoshop中正好相反，没有填充的内容则是蒙版，所以在操作时要注意，如果是要换衣服，那就要选择重绘非蒙版内容，如果衣服不变，其他地方需要改变，那就选择

重绘蒙版内容。

还有一点需要注意的是，Photoshop处理的蒙版区域如果过于复杂，黑白区域细节过多且分布松散，生成的效果不一定很理想，需要根据实际情况进行相应调整。

4.5.2　上传蒙版格式

具体怎么实操呢？下面以给模特换衣服为例进行说明，如图4-78所示。

图4-78

01 把原图导入Photoshop进行处理，生成蒙版图片，如图4-79所示。

图4-79

02 将这两张图都添加到Stable Diffusion的局部重绘（上传蒙版）模式，添加关键词和反向关键词，选择蒙版模式为重绘蒙版内容，重绘区域为整张照片，相应的调整蒙版边缘模糊度参数，即可生成更换了衣服的模特图，如图4-80所示。

图4-80

第 5 章

脚本使用

5.1 X/Y/Z 图表

在图像生成过程中，对于各种参数的调节是十分重要的。但是手动调节各种参数是很耗时耗力的，同时也会出现一些人为的误差。因此，对于图像生成软件来说，提供一些快速调节参数的功能是非常必要的。其中，X/Y/Z图表功能就是一种方便快捷的操作方式。通过X/Y/Z图表功能，用户可以对不同方向上的不同参数进行快速设定，能够更加直观地观察到不同参数对图像生成效果的影响。同时，X/Y/Z图表功能还可以实现快速的数值测试和模型测试，大大降低手动调节各种参数的烦琐和困扰，提高图像生成效率。

5.1.1 设计原理

选择X/Y/Z图表功能可以看到完整参数设定的功能界面，X/Y/Z图表简单来说就是在3个不同方向上设定不同的参数，从而快速生成一系列对应的图片。选项界面如图5-1所示。

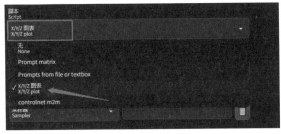

图5-1

5.1.2 轴类型和值

轴类型有X轴类型、Y轴类型和Z轴类型。值有X轴值、Y轴值和Z轴值，如图5-2所示。

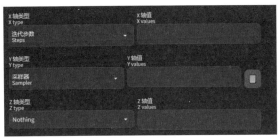

图5-2

单击轴类型下拉按钮后，可以看到很多选择，如图5-3所示，有随机数种子、迭代步数、采样器等，可以根据自己的需求，在X、Y、Z轴中进行设置。X轴值、Y轴值和Z轴值根据选择的类型而设定。

图5-3

如果想了解在不同的迭代步数及采样方法中，最终生成图片的效果是怎样的，并对此进行比较，可以拿 living room 作为例子。先设置好提示词，如图5-4所示。

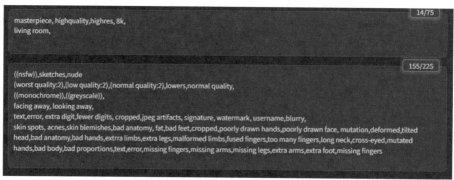

图5-4

"X轴类型"选择"迭代步数"，对应的"X轴值"输入想了解的步数值，如"2,4,6,8,10,15,20"。"Y轴类型"选择"采样器"，对应的"Y轴值"单击旁边的"黄色小书"图标，在其中选择参数值，以"Euler a,Euler"两个参数值为例，如图5-5所示。

图5-5

单击"生成"按钮，得到的图片如图5-6所示。

图5-6

通过X/Y/Z图表功能，可以很便捷地进行数值、模型测试，减少不断成图的困扰，并且所有成图都显示在一起，更利于进行效果对比。

5.1.3　参数设置

接着往下还有几个参数设置。

1. 显示轴类型和值

勾选相应复选框之后生成的图片中会显示轴类型和值，如图5-7所示。

图5-7

2. 保持随机种子为1

保持随机种子为1会在生成图片时，每一次都采用随机的种子，作为比较用的话意义不大，只对有特殊需求的人有用。

3. 宫格图边框

数值越大生成图中每张图之间的边框线越粗。数值选择8，如图5-8所示。

图5-8

生成效果如图5-9所示。

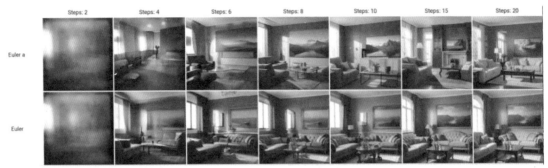

图5-9

为了更好地理解,下面再举几个案例。已知采样迭代步数一共有150步,如果每一个步数都想试一下该怎么去完成?有几个简便的方法。

（1）每次增加1。

1-5=1,2,3,4,5。意思就是先在X轴值中输入步数区间,如1到5步,最终效果是每次增长1步,参数设置如图5-10所示。

图5-10

这个写法的效果如图5-11所示。

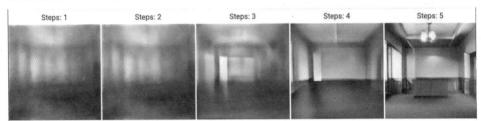

图5-11

（2）不同步长的方法。

1-5(+2)=1,3,5。意思是在X轴值中输入步数区间,如1到5步,最终效果每次加2步,当然,这个值的输入不是固定的,按照自己的需求填写,也可以设置为1-20(+4),就是1到20步,每次加4步,参数设置如图5-12所示。

图5-12

实际生成效果如图5-13所示。

图5-13

10-5(-3)=10，7。意思是X轴输入区间值，每次减少步数，具体减少几步，根据自己的需求设定，参数设置如图5-14所示。

图5-14

实际生成效果如图5-15所示。

图5-15

（3）规定范围内分多少个。

1-10[5]=1，3，5，7，10。计算机会自动计算出步长，参数设置如图5-16所示。

图5-16

实际生成效果如图5-17所示。

图5-17

5.2 提示词矩阵

提示词矩阵提供了一种系统化的方法来研究提示词对生成图像的影响。通过在提示词文本框中输入不同的词语，可以测试不同主题、风格、场景或特定要素在生成图像中的表现效果。这样，就可以从中选择最优的方案，以满足对图像的预期要求。

通过分析提示词矩阵，能够更好地理解提示词对生成图像的影响，并相应地调整和优化输入的提示词。可以根据实验结果，选择最能达到预期效果的提示词组合，进一步提升生成图像的质量和符合度。

5.2.1 语法

与X/Y/Z图表相比，提示矩阵虽然也是以一组图的形式出图，但两者的参数设定差别很大。在下面的例子中，设置是要以正面或者负面提示词为主来构筑矩阵。

在设置界面中，脚本选择提示词矩阵Prompt matrix，如图5-18所示。首先根据相应的语法，前面写正常提示词，后面写想改变的提示词1、提示词2、提示词3……在这之间，都用"|"符号分隔开，格式如下：

正常提示词|改变提示词1|改变提示词2|改变提示词3……

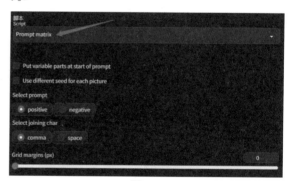

图5-18

如：a busy city street in a modern city|illustration|cinematic lighting，如图5-19所示。

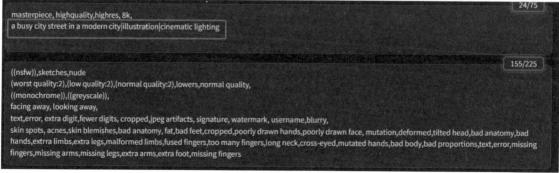

图5-19

单击"生成"按钮，如图5-20所示。

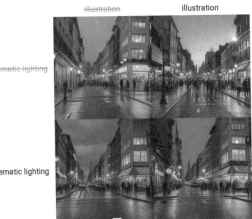

图5-20

最终生成了一个组合图，可以清楚地看到不同的提示词对图片生成的影响，这种比较就可以选择提示词的用法。这个功能跟X/Y/Z图表有点像，但提示词矩阵只能改变提示词，其他更复杂的设定就没有X/Y/Z图表那么宽广了。

5.2.2　参数设置

图5-21所示，提示词矩阵的参数设置包括5种参数。

图5-21

- 把可变部分放在提示词文本的开头：有需要就勾选。
- 为每张图片使用不同的随机种子：有需要就勾选。
- 选择提示词：既可选择正面提示词，也可选择负面提示词。
- 选择分隔符：逗号或者空格。
- 宫格图边框（像素）：改变图片之间的边框线粗细。

5.3　批量载入提示词

在图像生成的实际操作过程中，常常需要批量载入提示词进行图像生成，从而加快效率。当提示词越来越多时，单独添加提示词将变得更加枯燥和费时。因此，批量载入提示词的功能显得尤为必要。通过批量导入提示词的方法，用户只需要将需要导入的提示词保存在特定的文本文件中，然后一次性导入软件中，在调用生成图像命令之前可以更快地实现快速生成各种类型的图像效果。

而批量载入提示词，是通过Prompts from file or textbox，即"从文件或文本框载入提示词"这个脚本来实现，如图5-22所示。这个脚本中的提示词不仅仅包含出图所需的内容提示词，而是指生成图片所需要设置的参数。通过这个脚本就可以实现不同参数下的批量出图。

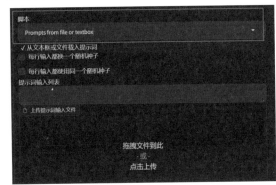

图5-22

具体如何操作呢？首先选择批量载入提示词Prompts from file or textbox的脚本，如图5-23所示。

图5-23

具体参数设置接下来通过案例说明。

例如，需要同时做出如下提示词所描述的4张图。

--prompt "photo of sunset"

--prompt "photo of sunset" --negative_prompt "orange,pink,red,sea,water,lak --width 1024--height 768--sampler name" DPM++2M Karras " --steps10--batch_size 2 --cfg_scale 3 --seed 9"

--prompt "photo of winter mountains" --steps 7 --sampler_name "DDIM"

--prompt "photo of winter mountains" --width 1024

如图5-24所示，每一行就是一张图，每个参数都要用"--"符号作为开头，空格作为分隔。如果还想规定反面提示词，就在正面提示词后面加一个空格，再加"--"符号，如果加更多参数，同上的方法加一个空格，再加"--"符号，这样就把参数分开来了。这就是一张图片运用多个参数的方法。

图5-24

单击"生成"按钮，即可生成对应的4张图片，出图效果如图5-25所示。

图5-25

可以看到出图效果还是不错的。所以用户可以将参数整理好，直接复制进文本框，等待出图就可以了。

第6章

附加功能

6.1 图片高清放大

在图像处理和编辑中，高清放大是一项重要的技术。高清放大可以将低分辨率图像缩放到高分辨率，同时保持图像细节的清晰度和真实性，甚至可以对模糊和缺失的地方进行修复。

6.1.1 放大算法1

下面通过举例进行说明。例如将这张不是很高清的运动鞋图片进行高清放大，首先将图片导入附加功能（后期处理）模块，如图6-1所示。

图6-1

需要注意的是放大算法中的算法选项，现实图片要选择"R-ESRGAN 4x+"算法，动漫图片要选择"R-ESRGAN 4x+Anime6B"算法。

运动鞋这个案例应该选择"R-ESRGAN 4x+"算法，然后"缩放比例"选4，参数设置如图6-2所示。

图6-2

单击"生成"按钮，图片立刻变得非常清晰，如图6-3所示。

图6-3

在放大算法中，R-ESRGAN 4x+算法和R-ESRGAN 4x+Anime6B算法最常用，效果也最好。如果没有找到这两个选项，可以单击"设置"选项卡，在左侧单击"图片放大"按钮就可以找到，勾选这两个复选框，刷新后，便可成功添加，如图6-4所示。

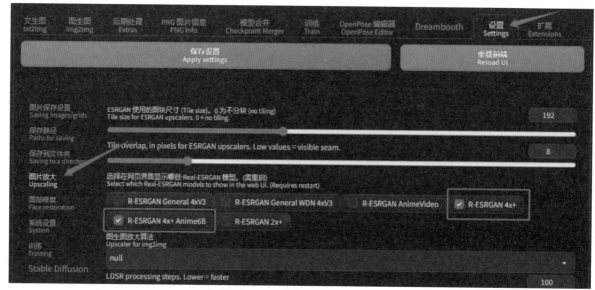

图6-4

在图片放大算法的选项中会有几个效果比较差的选项，一般不建议使用。例如Nearest这个放大算法，虽然算法很快，但是放大的效果很差、很模糊。

6.1.2 放大算法 2 强度

当需要将这两者结合，希望放大之后不要清晰得像3D软件生成的一样，会有一点假，该怎么办呢？这时候就可以配合"放大算法2强度"进行使用。

将"放大算法2强度"的数值拉到中间位置，如图6-5所示。

图6-5

"Upscaler1"选择"R-ESRGAN 4x+"，"Upscaler2"选择"Nearest"，最终生成的图片既有放大效果，上面还有一点点模糊感的马赛克效果，看起来真实感更强。

当将"放大算法2强度"的数值拉到最低0时，就相当于完全用"Nearest"算法进行放大。

当将"放大算法2强度"的数值拉到最高1时，就相当于完全用"R-ESRGAN 4x+"算法进行放大。

6.2 面部马赛克修复还原

面部马赛克修复还原是一项非常实用的图像处理技术。在实际应用中，用户可能会遇到一些不清晰的图像，这些图像需要通过工具来修复，以获得更高的清晰度和真实感。

6.2.1 GFGAN

GFGAN是一个去马赛克的功能。

例如修复如图6-6所示这样一张很不清晰的图片，先把它拖到"附加功能"选项卡里。

图6-6

再将"GFGAN强度"的值拉到最大1，如图6-7所示，单击"生成"按钮。

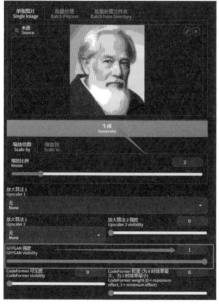

图6-7

如图6-8所示，去马赛克的效果非常强大，生成了一张高清修复后的人像。

图6-8

6.2.2　CodeFormer

CodeFormer也是一个非常棒的面部修复算法。与GFGAN算法不同的是，它只识别面部的修复，其他地方则不会修复。

将图片导入"附加功能"选项卡，如图6-9所示。

图6-9

设置"CodeFormer可见度"数为1，其他参数为默认数值，如图6-10所示。

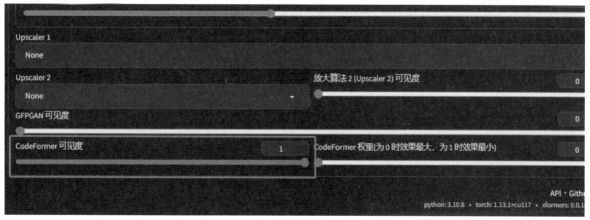

图6-10

单击"生成"按钮，得到的结果如图6-11所示，可以看到脸部得到了很好的修复，但是其他部位没有修复。

图6-11

6.3　图片信息提取

当在网上或是其他平台上找到了一张由Stable Diffusion生成的图片，想要了解它的图片信息，如使用了哪些参数时，就需要用到"图片信息"这一功能。选项卡界面如图6-12所示。

图6-12

首先把图片下载到文件夹，再将图拖到"图片信息"选项卡中，右侧会自动显示关于这张图的全部参数信息，包括正向提示词、反向提示词、模型、迭代步数和采样器等参数数值，如图6-13所示。同时这些参数也可以自由发送到文生图、图生图、局部重绘和附加功能等选项卡中。

图6-13

如果不是由Stable Diffusion生成的图片，在该功能里就得不到这些数据。这时就要用到Tag反推提示词功能，在后面的小节中会详细介绍。

6.4　提示词反推的三种模式

通过提示词反推可以帮助用户更好地理解图片的内容，并且对于管理大量图片的任务也非常有利。这一技术可以自动从图片中获取相关信息并生成对应的标签，同时减少用户自己思考和组织语言的烦琐过程。通过提示词反推技术，用户可以更加快速和准确地对图片进行标注。

6.4.1　CLIP 反推提示词

CLIP反推提示词对应的是Stable Diffusion里的自然语言描述模型，会自动帮用户生成自然语言描述的句子。它侧重于图像的内容，包括内容中所包含的对象的关系。短句描述对比单词描述的好处在于，能够说明物品与物品之间的关系。

以落日图片举例，如图6-14所示，放入"图生图"选项卡界面。

图6-14

单击"CLIP反推"按钮，提示词为a sunset over the ocean with a bird flying in the sky and a mountain in the distance with a bright orange sky, Andrew Geddes, sunrise, a photo, naturalism，如图6-15所示。

图6-15

6.4.2　DeepBooru 反推提示词

DeepBooru反推提示词对应 novelai 等打标签的模型，生成的是一个一个标签，其对人物的特征描述比较擅长。

以人物图片为例，如图6-16所示，放入"图生图"选项卡界面。

图6-16

单击"DeepBooru反推"按钮，提示词为1girl, 3d, beach, blue_sky, blurry, breasts, brown_hair, day, depth_of_field, fishnet_bodysuit, fishnet_legwear, fishnets, long_hair, ocean, outdoors, photorealistic, sky, solo，如图6-17所示。

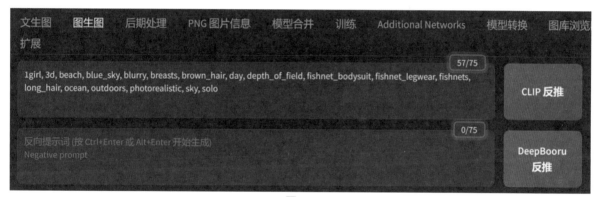

图6-17

DeepBooru反推与CLIP反推共用的一个输入框。

6.4.3　Tag 反推提示词

1. 单张图片

用户可以通过Tag反推提示词功能得到任何图的标签。

先把想要了解的图片放进"Tag反推"里，通过反推算法非常仔细地去辨识图片，得出关于这张图的内容，如图6-18所示。

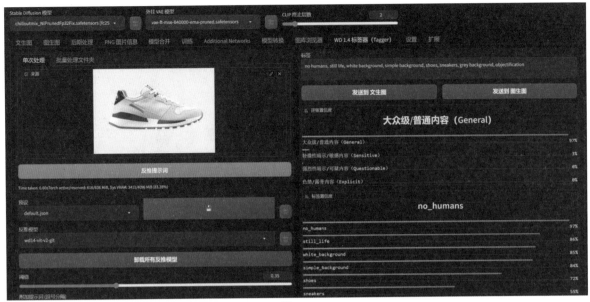

图6-18

- 预设：可以保存参数。
- 反推算法：掌握wd14-vit-v2-git算法，可以推得既快又准。
- 阈值：阈值设置成百分数，右上角的标签文本框里出现的内容都是大于这一阈值的内容。例如当阈值是38%时，只有大于38%的标签被写在右上角的标签文本框里。

2. 批量操作

如果训练LoRA、Dreambooth、hypernetwork或者embedding，需要给图片打标签吗？

之前都是用模型训练的图像预处理进行打标签，现在更新思维，为了让标签更准确，建议用Tag反推里的批量操作。

- 输入目录：找到要放的文件。
- 全局递归查找：如果有套娃似的文件夹，文件夹里还有文件夹，并且都想打上标签，就勾选这个复选框。
- 输出目录：如果这里空白，它会自动输出到输入目录的文件夹，如果新建了文件夹，就可以把文件名输进去。

第7章
常用插件扩展讲解

7.1 ControlNet

随着人工智能技术的不断发展，人们对图像生成和编辑的需求也越来越迫切。然而，在图像生成的过程中，传统的AI算法往往难以准确捕捉到创作者的设计意图，导致生成结果不尽如人意。为了解决这一问题，ControlNet技术应运而生，它通过精准利用输入图片的特征来引导AI算法按照创作者的设计思路生成图像，从而提升AI图像生成的可控性和精度。

ControlNet技术基于扩散原理，通过精确利用输入图片中的边缘特征、深度特征或人体姿势的骨架特征等信息，引导图像在稳定扩散过程中生成出更符合创作者创作思路的结果。通过添加额外的控制条件，ControlNet技术能够更好地指导稳定扩散算法生成图像，以实现更高的可控性和更精确的生成效果。

借助ControlNet技术，AI图像生成的过程变得更加可控，创作者能够更好地指导生成算法，确保生成的图像与其设计意图相符。无论是捕捉细节特征、保持艺术风格还是准确表达创作理念，ControlNet技术为AI图像生成提供了更多的控制和精度，为创作者带来更好的创作体验和结果。

7.1.1 ControNet 的安装

1. 插件安装

打开Stable Diffusion，依次单击"扩展"选项卡、"从网址安装"选项卡、"扩展的git仓库网址"选项卡，输入网址[1]，再单击"安装"按钮，如图7-1所示。

图7-1

2. 模型安装

需要用户自行在网上下载ControNet的模型，通常有两个种类，一种是ControlNet模型文件，以pth为扩展名；另一种是YAML文件，以yaml为扩展名。将这两种模型文件放入stable diffusion\extensions\sd-webui-controlnet\models文件夹内，如图7-2所示。

图7-2

3. 重启界面

依次单击"扩展"选项卡和"已安装"选项卡，再单击"应用并重启用户界面"按钮，如图7-3所示。

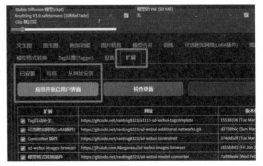

图7-3

1　https://jihulab.com/hanamizuki/sd-webui-controlnet

然后就可以在文生图这个界面找到ControlNet选项卡，如图7-4所示。

图7-4

7.1.2 参数详解

ControlNet界面如图7-5所示。

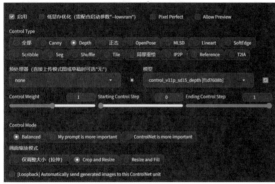

图7-5

1. 启用（Enable）

勾选"启用"复选框后，单击"生成"按钮，将会实时通过ControlNet引导图像生成，否则不生效。

2. 低显存优化（Low VRAM）

- 低显存模式：如果显卡内存小于4GB，建议勾选此复选框。
- Pixel Perfect（完美像素模式）：自动匹配最适合的图片像素比例，以确保能够获得最佳效果。

- Allow Preview：勾选此复选框可以查看预处理器处理的预览效果。

预处理器（Preprocessor）如图7-6所示。

图7-6

下拉列表是模型选择，每个ControlNet的模型都有不同的功能。

该列表的模型选择如图7-7所示，必须与预处理选项框内的模型名称一致。如果预处理与模型不一致也可以出图，但效果无法预料，且不理想。单击右边的爆炸按钮█，可以对预处理的图片进行预览。

图7-7

3. 权重（Weight）

（1）权重。

权重代表使用ControlNet生成图片的权重占比影响，如图7-8所示。

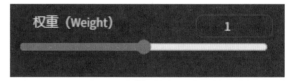

图7-8

下面是不同权重参数下ControlNet预处理图像特征对图片的影响，如图7-9所示，权重越高影响越大。但过高反而会形成拉扯，导致人体造型不协调，通常将权重参数设置在0.6~1.1就够用了。

图7-9

（2）引导介入时机（Guidance Start(T)）。

首先要了解的是生成图片的步数功能，步数代表生成一张图片要刷新计算多少次，设置为0代表开始时ControlNet就开始影响图片，设置为0.1代表第10步ControlNet才开始影响图片。引导介入时机意味着从第几步开始介入，如图7-10所示。

图7-10

（3）引导退出时机（Guidance End）。

和引导介入时机相对，如设置为0.9，则表示第90步就退出，默认为1，如图7-11所示。

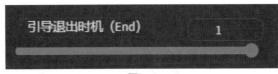

图7-11

（4）参数分辨率（Annotator Resolution）。

可以使用参数分辨率调整分辨率，分辨率越低效果越不好，如图7-12所示。

图7-12

4. 阈值

（1）阈值。

阈值可以调整对线条或色块的提取敏感程度，阈值越低提取得越细致，阈值越高提取得越模糊，如图7-13所示。

图7-13

（2）缩放模式（Resize Mode）。

缩放模式可以调整图像大小。默认使用缩放至合适即可，将会自动适配图片，如图7-14所示。

图7-14

（3）画布宽度和高度（Canvas Width和Canvas Height）。

这里的宽高，并不是指SD生成图片的图像宽高比，该宽高代表ControlNet引导图像时所使用的比例，如图7-15所示。假如用SD生成的图片是1000×2000的分辨率，那么使用ControlNet引导图像时，对显存的消耗将是巨大的；可以将该分辨率设置为500×1000，也就是缩放为原来图像一半的分辨率大小去进行引导，有利于节省显存消耗。

图7-15

7.1.3 线条约束

1. Candy（硬边缘）

Candy模式的功能是对图片进行边缘检测，可以提取元素的线稿。它有两个预处理器，一个是Canny边缘检测，另一个是invert，如图7-16所示。

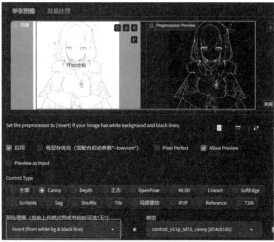

图7-16

在ControlNet中，invert与反向类似。默认情况下，ControlNet将白色视为线条，黑色视为背景，然而线稿一般都是黑色线条和白色背景。因此，如果上传的是线稿图片，可以直接使用invert预处理器，将线稿图片的颜色反转，使其变成系统可以识别的线稿，如图7-17所示。

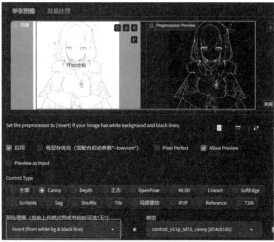

图7-17

Canny边缘检测主要是提取元素的线稿，下面来看一个案例。

首先准备一张人物图，如图7-18所示。

图7-18

在文生图的界面中，可以执行以下步骤来优化图文处理过程。

01 将图片拖曳到ControlNet中。

02 勾选"启动"复选框，并在预处理器和模型选项中选择Canny。

03 单击预览预处理模型。在右侧区域，可以看到原图的边缘信息，这些信息类似于线稿图，用黑色表示背景，用白色表示线条。这些边缘信息规定了画面的轮廓特征，如图7-19所示。

图7-19

04 然后选择模型braBeautifulRealistic_brav5，如图7-20所示。

图7-20

输入提示词：1girl

输入反向提示词：ng_deepnegative_v1_75t, (badhandv4:1.2), (worst quality:2), (low quality:2), (normal quality:2), lowres, bad anatomy, bad hands, ((monochrome)), ((grayscale)) watermark, moles

05 "采样迭代步数"设置为40；"采样方法"为"DPM++ SDE Karras"；"提示词相关性"设置为7。参数界面如图7-21所示。

图7-21

06 单击"生成"按钮，得到的图片如图7-22所示。

图7-22

使用Canny算法可以精确还原元素的线条，填

充色块是根据预处理后的线条生成的。它的优势在于还原整体细节特征，并给用户带来更多控制感。Canny算法保留了原始图像的一部分信息，使生成的图像更加原汁原味。同时，它还通过边缘检测保留了原始图像的边缘信息，使输出图像具有相同的边缘特征。可以说图像的边缘就像线稿，而Canny算法的作用则是将线稿渲染成实际的图像。

2．SoftEdge（软边缘）

SoftEdge模型和Canny算法一样，都是边缘检测算法。可以将Canny算法理解为用铅笔进行边缘提取，而SoftEdge则可以理解为用毛笔进行提取，因此提取出的边缘会更加柔和、细节更加丰富。因此，如果需要生成棱角分明或机械类的图片，推荐使用Canny算法；如果需要生成动物毛发等柔和细腻的图片，使用SoftEdge可能会更加适合。

下面来看两者的区别。

（1）处理效果。

Canny的预处理效果如图7-23所示。

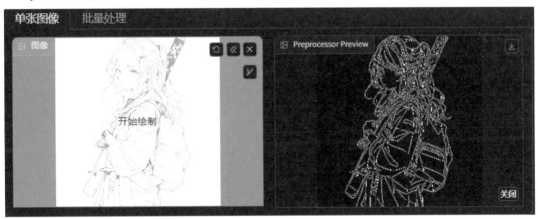

图7-23

SoftEdge的预处理效果如图7-24所示。

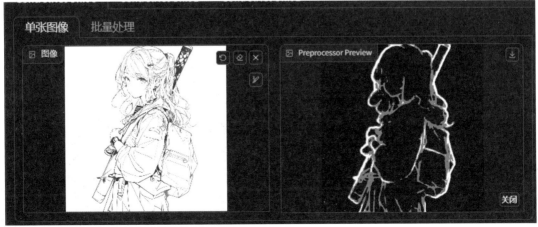

图7-24

（2）出图效果。

Canny的出图效果如图7-25所示。

图7-25

SoftEdge的出图效果如图7-26所示。

图7-26

可以看到SoftEdge比Canny的边缘和细节效果要柔和很多。

SoftEdge有四种预处理器，如图7-27所示，区别在于算法不同。softedge_hed是hed算法；softedge_hedsafe是保守hed算法；softedge_pidinet是pidinet算法；softedge_pidisafe是保守pidinet算法。

图7-27

4种预处理器处理图片的效果图如图7-28所示，softedge_pidinet_safe的细节和边缘处理要相对硬一点，softedge_hed_safe的效果最为柔和，softedge_pidinet和softedge_hed细节最为丰富，但是softedge_hed要比softedge_pidinet更柔和。

图7-28

3. MLSD（直线）

MLSD线条检测主要在建筑领域应用广泛，只要插入一张建筑图片，它就能够准确地检测出建筑物的结构线条，从而呈现清晰的图像。然而需要注意的是，MLSD线条检测仅适用于直线的检测，而无法识别和捕捉曲线，这就导致了画面中的人物、动物等元素可能会被忽略。

下面来看一个例子。图7-29所示是一张建筑图片。

图7-29

利用MLSD进行预处理，界面如图7-30所示。

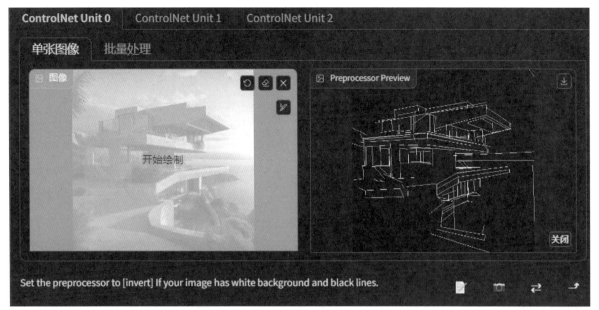

图7-30

出图效果如图7-31所示。

图7-31

以这种方式处理图片，画面极好地保留了原图中直线线条的特征。如果是建筑师或室内装修从业者，可以使用这种方法提取图像特征，并生成一个非常相似的场景。

4. Lineart（线稿）

Lineart是ControlNet 1.1版本新更新的模型，它的特点是根据实际应用的场景，分别提取边缘轮廓，相比Canny更有泛用性，相比SoftEdge有更强的约束性。Lineart主要应用在线稿生成和线稿上色。

它对边缘轮廓的提取要比Canny和SoftEdge要更加优秀。

Lineart预处理器的效果如图7-32所示。

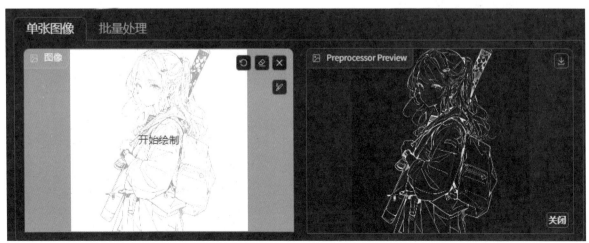

图7-32

它有5种预处理器，分别对应不同的使用场景，如图7-33所示。

- lineart_anime（动漫线稿提取）：适合动漫线稿的提取。
- lineart_anime_denoise（动漫线稿提取-去噪）：适合动漫线稿的提取，并且想要一定的变化和自由性。
- lineart_coarse（粗略线稿提取）：适合想要更多的变化的。
- lineart_realistic（写实线稿提取）：适合写实线稿提取。

处理效果如图7-34所示。

- lineart_standard（标准线稿提取-白底黑线反色）：常规通用版。

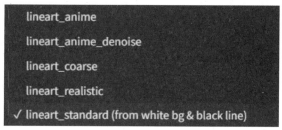

图7-33

下面是不同预处理器的处理效果。

（1）lineart_anime（动漫线稿提取）。

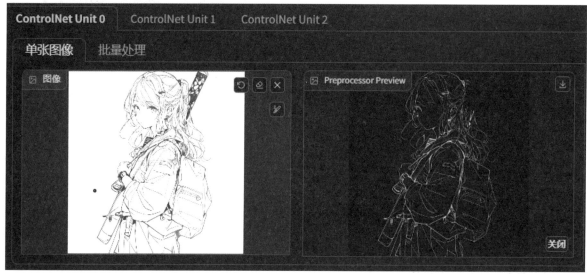

图7-34

（2）lineart_anime_denoise（动漫线稿提取-去噪）。

处理效果如图7-35所示。

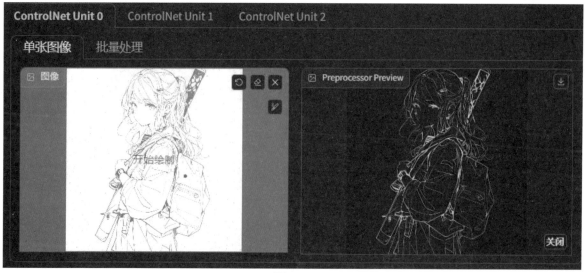

图7-35

（3）lineart_coarse（粗略线稿提取）。

处理效果如图7-36所示。

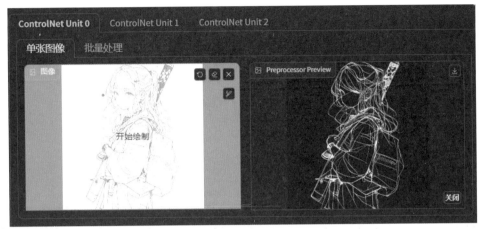

图7-36

（4）lineart_realistic（写实线稿提取）。

处理效果如图7-37所示。

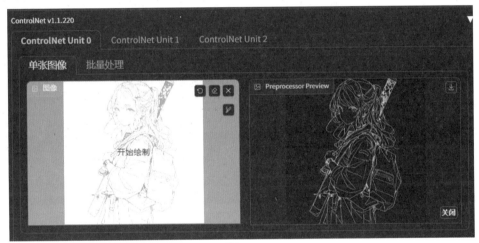

图7-37

（5）lineart_standard（标准线稿提取-白底黑线反色）。

处理效果如图7-38所示。

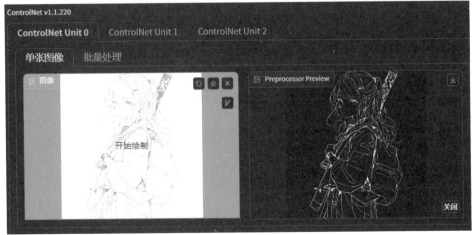

图7-38

不同预处理器的生成效果如图7-39所示。

[ControlNet]Preprocessor: lineart_realistic
[ControlNet]Preprocessor: lineart_coarse
[ControlNet]Preprocessor: lineart_anime
ControlNet]Preprocessor: lineart_standard
[ControlNet]Preprocessor: lineart_anime_denoise

图7-39

5. Scribble（涂鸦）

使用涂鸦模式时，提取的线条会更加粗略，因此画面的发挥空间更大，如图7-40所示。

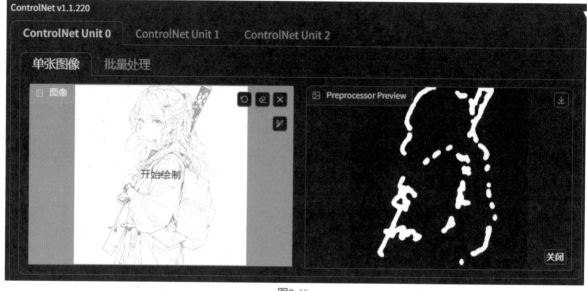

图7-40

出图效果如图7-41所示。

图7-41

可以看到，涂鸦模式下人物的造型有了很多的变化，反而容易带来意想不到的效果。

涂鸦模式有3种预处理器。

- scribble_hed（涂鸦-合成）。
- scribble_pidinet（涂鸦-手绘）。
- scribble_xdog（涂鸦-强化边缘）。

scribble_hed与scribble_pidinet算法不同，但是效果差不多；scribble_xdog线条提取会精细很多，类似于Canny算法，但是效果没有Canny算法好，因此并不是很常用。

（1）scribble_hed（涂鸦-合成）。

处理效果如图7-42所示。

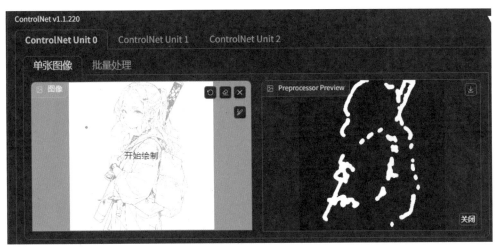

图7-42

（2）scribble_pidinet（涂鸦-手绘）。

处理效果如图7-43所示。

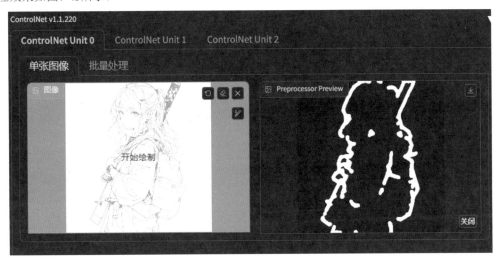

图7-43

（3）scribble_xdog（涂鸦-强化边缘）。

处理效果如图7-44所示。

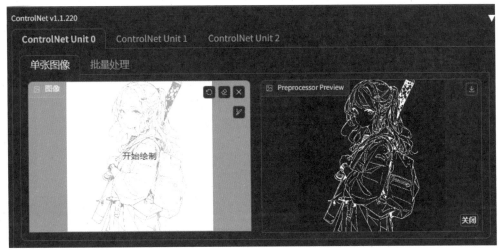

图7-44

效果对比如图7-45所示。

[ControlNet]Preprocessor: scribble_xdog

[ControlNet]Preprocessor: scribble_pidinet

[ControlNet]Preprocessor: scribble_hed

图7-45

7.1.4 深度约束

深度约束的功能在于解决物体前后关系的问题。例如，在具有空间感和透视效果的图像中，需要利用深度约束来提取其深度特征，以确定前景和背景之间的关系。

通过对具有透视关系的图像进行depth预处理，可以获取该图像的深度特征。深度特征可用于图像分割、目标检测、3D重建等任务，从而使得在处理具有透视关系的图像时，这些任务的准确性能够得到提升。当处理需要考虑空间关系的图像时，获取深度特征是一种非常有效的预处理方法。

下面来看一个例子。如图7-46所示是一张有前后关系的图片。

图7-46

利用depth进行预处理，可以看到画面中存在的前后关系都被识别了出来，如图7-47所示。

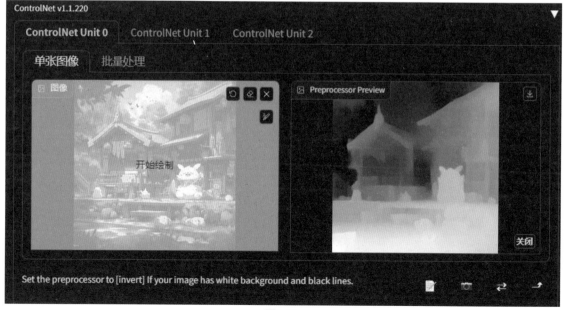

图7-47

出图效果如图7-48所示。

图7-48

depth预处理有4个预处理器，如图7-49所示。

LeReS 深度信息估算（LeReS depth estimation）

depth_leres++

depth_midas

depth_zoe

图7-49

它们的区别在于对深度信息、物品边缘的信息提取的程度不一样。

LeReS深度信息估算效果比较常规，depth_leres++细节更多，depth_midas明暗对比度更高，depth_zoe主体与背景的对比更强。

下面是不同预处理器的预处理效果。

（1）LeReS深度信息估算。

处理效果如图7-50所示。

图7-50

（2）depth_leres++。

处理效果如图7-51所示。

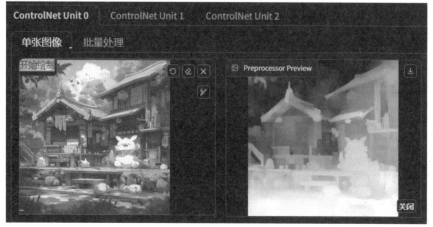

图7-51

（3）depth_midas。

处理效果如图7-52所示。

ControlNet v1.1.220
ControlNet Unit 0
ControlNet Unit 1
ControlNet Unit 2
单张图像
批量处理
开始绘制
Preprocessor Preview
关闭

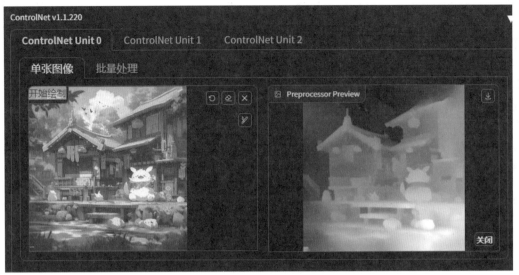

图7-52

（4）depth_zoe。

处理效果如图7-53所示。

ControlNet v1.1.220
ControlNet Unit 0
ControlNet Unit 1
ControlNet Unit 2
单张图像
批量处理
开始绘制
Preprocessor Preview
关闭

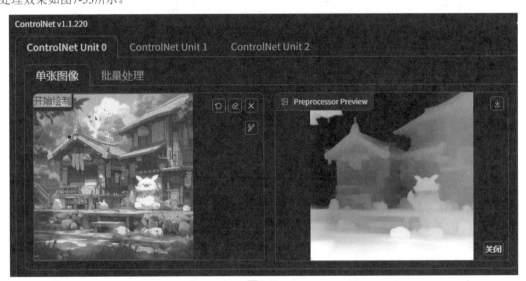

图7-53

不同预处理器的出图效果对比如图7-54所示。

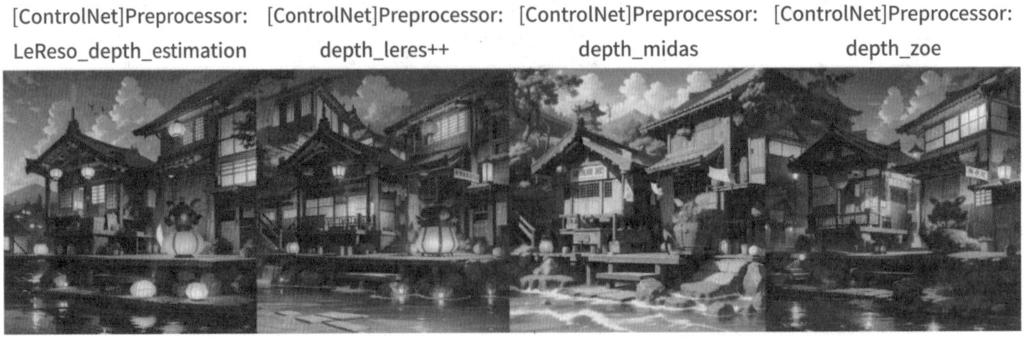

[ControlNet]Preprocessor:
LeReso_depth_estimation
[ControlNet]Preprocessor:
depth_leres++
[ControlNet]Preprocessor:
depth_midas
[ControlNet]Preprocessor:
depth_zoe

图7-54

7.1.5 法线约束

法线约束是一种能够提取物体轮廓特征和表面凹凸信息特征的方法。如图7-55所示，通过使用预处理器，可以清楚地观察到它在获取墙面砖块凹凸特征方面的良好效果。

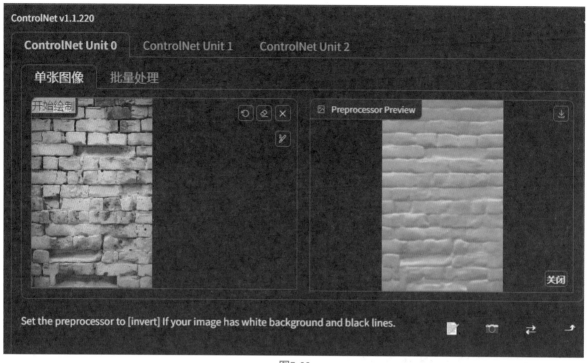

图7-55

出图效果如图7-56所示。

图7-56

法线约束有两个预处理器（如图7-57所示），它们的区别在于算法不一样，normal_bae是最常用的，normal_midas不是很常用，效果也不是很好，很可能会被淘汰。

图7-57

7.1.6 色彩分布约束

色彩分布约束是通过读取原图中元素颜色块的分布情况来获取特征信息，从而用于生成图片。

T2ia控制类型包括以下3个预处理器。

- T2ia_Color_Grid（自适应色彩像素化处理）。
- T2ia_Sketch_PiDi（自适应手绘边缘处理）。
- T2ia_Style_clipvision（自适应风格迁移处理）。

如果需要进行色彩分布约束，预处理器选择T2ia_Color_Grid（自适应色彩像素化处理）时，可以看出图片的色彩特征被提取出来了，如图7-58所示。

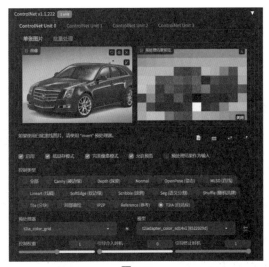

图7-58

调整完参数后单击"生成"按钮，得到的图片如图7-59所示。

图7-59

其他两个预处理器和色彩分布约束无关。

T2ia_Sketch_PiDi（自适应手绘边缘处理）最终会提取出一个线稿模式，但远不如之前讲过的线稿模式，如图7-60所示。

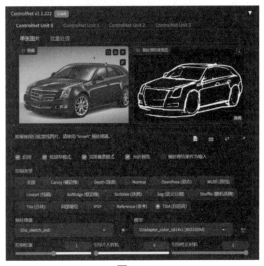

图7-60

T2ia_Style_clipvision（自适应风格迁移处理）可以把某一个图片的风格迁移到生成的图片上。但实际操作下来，它存在的问题是"风格"是抽象的，是没有办法量化的，所以效果并不是很好。

7.1.7 姿势约束

在ControlNet还没有出现时，如果想要生成一个固定的姿势，提示词和LoRA都可以用来规定动作，但是它们都有一个根本性的缺点，就是无法彻底掌握姿势。它们只能生成大致相同的图片，不能完全实现想要的姿势。

2023年3月ControlNet更新之后，迅速风靡了整个 Stable Diffusion 圈子。Openpose检测人体关键点，例如用于头部、肩部、手部等的位置。它对于复制人体姿势非常便捷有效，无须复制服装、发型和背景等其他细节。Openpose 既能把这个姿势固定得更准确，又能让多张图生成的姿势保持在同一个姿势。它有非常多的应用场景，如AI肖像生成、AI模特试穿产品效果、生成多人、生成简单多视图等应用。

Openpose预处理器包括以下几个方面。

● Openpose（Openpose姿态）：眼睛、鼻子、脖子、肩膀、肘部、手腕、膝盖和脚踝。

● Openpose_face（Openpose姿态及脸部）：Openpose＋面部细节。

● Openpose_faceonly（Openpose 仅脸部）：仅面部细节。

● Openpose_full（Openpose姿态、手部及脸部）：Openpose＋手和手指+面部细节。

● Openpose_hand（Openpose姿态及手部）：Openpose＋手和手指。

1. Openpose姿态

Openpose姿态是一种姿态检测算法，可以从图片中提取人体的关键点位置，形成类似于火柴人的姿态图像。这些关键点包括头、肩膀、腰部和膝盖等身体部位。通过分析这些关键点的位置和运动，可以获取人体的姿态信息。利用这些姿态信息，可以给生成的人物指定精确的动作，如动作捕捉和人机交互等领域。

01 插入一张人物图（如图7-62所示），Openpose模型可以很准确地获取到该人物的姿态特征。参数界面如图7-61所示。

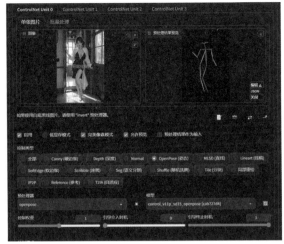

图7-61

02 单击"生成"按钮，得到如图7-63所示的火柴人图形。通过这种方式它就可以把图7-62所示的姿势规定得很仔细。另外可以看到骨架图左右颜色是不对称的，这样可以把人物的正反分清楚。但是这个骨架图并没有提取脸部表情和手部特征，这是它目前的局限。

图7-62　　　　　　　　图7-63

03 在启用Openpose的情况下可以按照提取出的骨架图生成相同动作的女孩图片，如图7-64所示。

图7-64

2. Openpose_hand

Openpose_hand是对姿态和手部的检测。手部骨架的开发是为了让Stable Diffusion 生成图片中人物的手更加符合逻辑、更加还原真实、更加不容易出现错乱的情况，它也确实在一定程度上规范了手部的动作。

下面来看一个例子。

01 导入一张人物图片，参数界面设置如图7-65所示。

图7-65

02 单击"生成"按钮，得到如图7-66所示的人物姿态图，可以看到完全复刻了图7-67的骨架姿态。

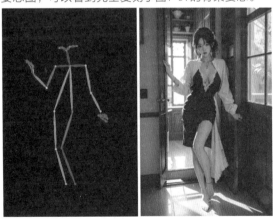

图7-66　　　　　　　　图7-67

03 在启用Openpose_hand的情况下，可以按照提取出的骨架图生成相同动作的女孩图片，如图7-68所示。

图7-68

图7-70　　　　　　图7-71

对比原来的姿势图,生成的图片一定程度上确实是还原了手部的动作,但也可以看到结果还是有很大差距的。只靠openpose的手部骨架,并不能完全修复手部畸形的问题。

3. Openpose_faceonly

Openpose_faceonly是只针对脸部特征的检测。它定位了脸部的方向和五官的分布,以及具体脸型。

下面来看一个例子。

01 导入一张包含人物脸部肖像的图片,参数界面设置如图7-69所示。

03 在启用Openpose_faceonly的情况下可以按照提取出的特征图生成相同特征的女孩图片,如图7-72所示。

图7-72

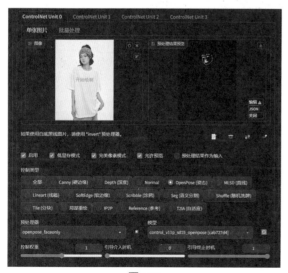

图7-69

02 单击"生成"按钮,得到如图7-70所示的脸部特征图,图7-71所示是原图。

经对比可以发现,生成的图片中脸的角度和五官分布都是完全按照Openpose_faceonly提取的特征来进行生成的,但是背景、姿态和手部动作完全随机。

4. Openpose_face

openpose_face即openpose姿态及脸部,在姿态检测的同时,增加了脸部特征的检测,可以在一定程度上同时还原人物特征、动作骨架和脸部。

下面来看一个例子。

01 仍然导入一张包含人物脸部肖像的图片,参数界面设置如图7-73所示。

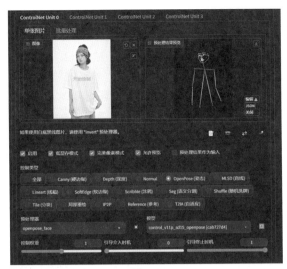

图7-73

02 单击"生成"按钮，得到如图7-74所示的结构图，可以看到脸部的骨点和结构都检测出来了，图7-75所示是原图。

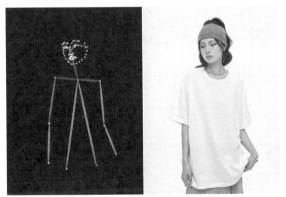

图7-74   图7-75

03 按照提取出的特征图生成相同特征的女孩图片，如图7-76所示。可以看到姿态得到了还原，但是手部的结构仍然随机生成。

图7-76

5. Openpose_full

Openpose_full 包括姿态、手部和脸部的检测。

下面来看一个例子。

01 将一张人物图片导入Stable Diffusion，参数设置如图7-77所示。

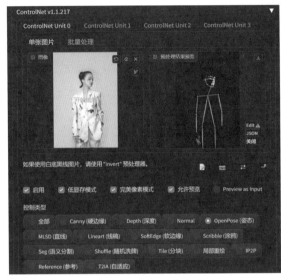

图7-77

02 单击"生成"按钮，得到如图7-78所示的人物姿态图，可以看到它提取出了包括姿势、手部和脸部的所有能提取的特征，图7-79所示是原图。通过这种方式对姿势还原的最为准确。

图7-78   图7-79

03 在启用Openpose的情况下可以按照提取出的骨架图生成相似面部、手部和姿态动作的女孩图片，如图7-80所示。

图7-80

6. 直接上传姿势图

除了在从已经有的图片中去提取姿势，用户还可以直接上传动作特征图，让它来进行生成。如果把预处理器改成无，如图7-81所示，然后直接生成，也是可以达成效果的，这就意味着在姿势上可以千变万化。

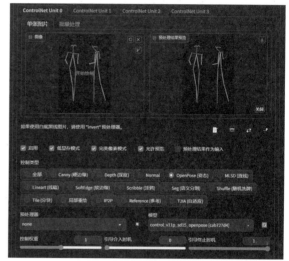

图7-81

可以在C站下载获得这样的姿势图，筛选方式选择Poses，即可找到别人上传的高质量姿势图，如图7-82所示。

图7-82

7. 自主生成姿势

无论是从图片中提取姿势，还是从网上下载姿势，都会有不能满足需求和想象的情况。有时在脑海中产生了非常棒的想法，该如何去生成这样的特征图？

这个时候需要下载两款插件，分别是 openpose 编辑器和3D openpose Editor，打开扩展列表地址，在"可下载"界面搜索 openpose即可安装，如图7-83所示。

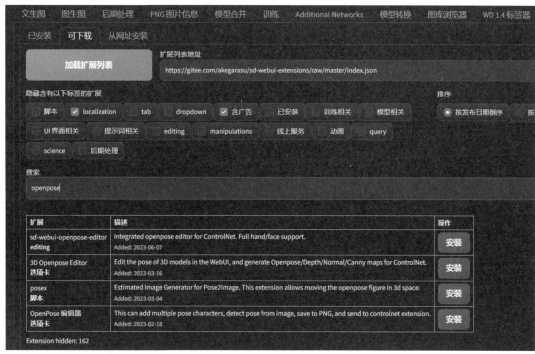

图7-83

（1）Openpose 编辑器。

Openpose 编辑器界面设置如图7-84所示。

● 宽度和高度：决定了特征图的分辨率。

● 添加：额外再新添加一个骨架，画面里就多一个人物。如果一张图片中有多个人物，可以通过这种方式不断进行添加。

● 从图像中提取：一般情况下用图像提取是为了对某个图像提取出来的特征图进行简单的微调，在原有动作特征的基础上，修改手部或者腿部的局部姿态。通过这种方式提取特征图，可能更符合需要。

● 添加背景图片：需要背景图片来进行姿势的参照，在背景图的基础上可以对这个骨架进行仔细调整。可以模仿某个图像摆出一些有趣的姿势，也可以对特征图进行还原。

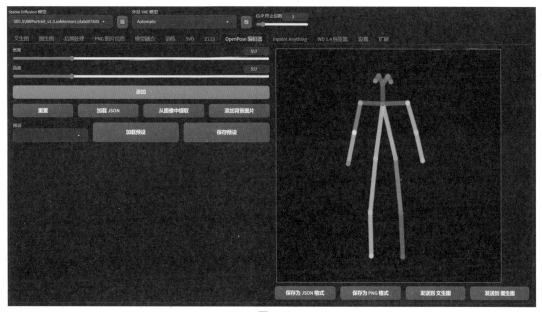

图7-84

（2）3D Openpose Editor。

3D Openpose Editor的界面如图7-85所示。在这里可以对骨架进行自由旋转，然后进行编辑。

通过openpose用户可以非常快速、简捷地去编辑一些自己喜欢的姿势，但是这个 Openpose 处理器也有一个问题，即由于它是 2D 的，在做一些比较立体的动作方面，可能难度就很大。3D 的 Openpose 处理器对于具体姿态的掌控程度更高，可以很好地解决这个问题。

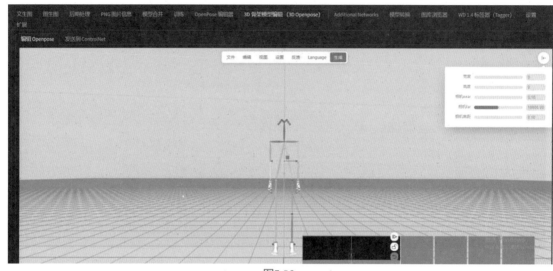

图7-85

7.1.8　内容约束

seg是ControlNet 中非常强大的一个构图工具，可以让构图更加可控，无论是单独使用，还是搭配其他插件使用，都能大大增强画面的可控性。它可以对分割图进行修改来控制画面成分，从小物件、人物、背景到整体构图都可以控制。并且在结合 Multi ControlNet 以及 latent couple 等功能后会更加强大。seg会标记参考图像中的对象，建筑物、天空、树木、人和人行道都标有不同的预定义颜色。

seg包含以下3个预处理器，如图7-86所示。

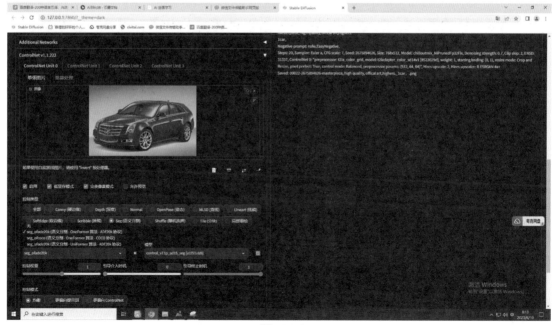

图7-86

- seg_ofade20k（语义分割-OneFormer 算法-ADE20k协议）：在 ADE20k 数据集上训练的（of）分割。
- seg_ofcoco（语义分割-OneFormer算法-COCO协议）：在数据集上训练的 One-Former 分割。
- seg_ufade20k（语义分割-UniFormer算法-ADE20k协议）：在ADE20k数据集上训练的（uf）分割。

下面来看一个例子。

01 导入一张免费的室内素材图，如图7-87所示。

图7-87

02 选择预处理器为seg_ofade20k，然后预览 seg 预处理的结果，如图7-88所示。

图7-88

03 识别后生成的这张图里，颜色是根据ADE20k 语义分割数据库的标签规则来标的，如图7-89所示。但是ControlNet WebUI 插件自带的语义识别模型性能一般，识别出来的布局并不是很规整。因此推荐使用目前最新的语义分割框架——OneFormer[2]，可以得到效果很好的分割图。

图7-89

04 在没有其他提示词的情况下单击"生成"按钮，可以看到即使没有提示词，房间的布局也能很好地被还原出来，如图7-90所示。这就是seg的作用。

图7-90

对比之下可以发现，ADE20k 和 COCO 分割的颜色图是不同的。seg_ofade20k 准确地标记了所有内容；而seg_ufade20k 有点嘈杂，但不会影响最终图像；seg_ofcoco 的表现类似，但有一些标签错误。一般情况下会选择seg_ofade20k。

seg_ofade20k的效果如图7-91所示。

图7-91

seg_ofcoco 的效果如图7-92所示。

图7-92

seg_ufade20k的效果如图7-93所示。

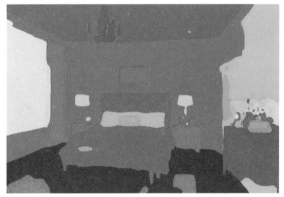

图7-93

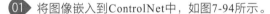

7.1.9 Shuffle

Shuffle模型用于图像重组,通过采用Shuffle算法对图像进行打乱,并应用Stable Diffusion来重新合成新的图像,新图像将保留大部分色彩信息。

下面来看一个例子。

01 将图像嵌入到ControlNet中,如图7-94所示。

图7-94

02 通过应用Shuffle预处理,可以观察到画面内容被重新排列,但颜色信息得到保留,如图7-95所示。

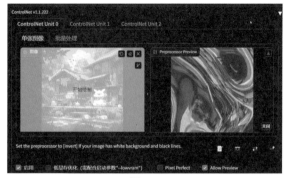

图7-95

输入提示词:outdoors, no humans, day

03 单击"生成"按钮,得到的图像如图7-96所示。

图7-96

可以看到,画面元素已经被重新排列,但仍然保留了原来的风格和颜色。

7.1.10 Tile

Tile模型可用于许多方面。总的来说,该模型有两个行为。

● 忽略图像中的细节,生成新的细节。

● 如果本地块语义和提示不匹配,则忽略全局提示,并使用本地上下文进行生成。

因为该模型可以生成新的细节和忽略现有的图像细节,可以用来删除坏的细节和添加精致的细节。

下面来看一个例子。

01 图7-97所示是一张细节不够丰富的图片。

图7-97

02 将它嵌入到ControlNet中，并用Tile预处理器进行预处理，如图7-98所示。

图7-98

03 单击"生成"按钮，可以看到画面的细节变得更加丰富，如图7-99所示。

图7-99

04 这个操作可以重复进行，不断丰富画面的细节，经过3次重复之后，细节变得非常丰富，如图7-100所示。

图7-100

7.1.11 局部重绘

局部重绘可以对图像进行修复或者重新绘制。

下面来看一个例子。

01 导入一张人像图到ControlNet中，用画笔将头部涂抹覆盖，单击"预处理"按钮，生成预览图，如图7-101所示。

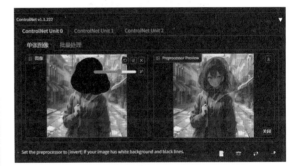

图7-101

输入提示词：1girl,smile

02 单击"生成"按钮，得到图7-102，可以看到头部部分经过重新绘制，很清晰地表达了提示词的意思。

图7-102

7.1.12 IP2P

IP2P全称为Instruct Pix2Pix，它可以把某种风格或者元素融合到另一种元素上。

下面来看一个例子。

01 导入一张房子的图像到ControlNet中，如图7-103所示。

图7-103

输入提示词：make it on fire

02 单击"生成"按钮，得到图7-104，可以看到火与房子进行了融合。

图7-104

7.1.13 Reference

Reference 模型可以提取图像的特征，然后生成主体相似、风格也相似的新图像。

下面来看一个例子。

01 将一张人物的图像嵌入到ControlNet中，如图7-105所示。

图7-105

输入提示词：1 girl

02 单击"生成"按钮，得到一张脸部、发型特征基本一样的新图像，如图7-106所示。

图7-106

7.2　segment anything

segment anything是Meta开源的一个全能分割AI模型，即SAM（Segment Anything Model），如图7-107所示。

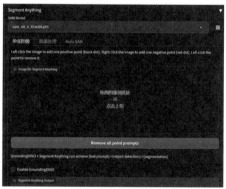

图7-107

segment anything具有以下主要功能。

- 能够自动分割图像中的所有内容。
- 可根据提示词进行图像分割。
- 可通过交互式点和框进行提示。
- 可为不明确的提示生成多个有效掩码。

7.2.1　如何安装

从Git Hub源码[1]拉取或者基于webUI的自定义安装方式都可以安装。

通过官方文档下载SAM模型，模型下载后放到

1　https://github.com/continue-revolution/sd-webui-segment-anything

这个位置：${sd-webui}/models/sam。不要更改模型名称，否则此扩展可能会由于 segment anything 中的错误而失败。

7.2.2 如何使用

segment anything 可以替换画面中的元素，以图7-108所示的人像为例，接下来将为她换成动漫脸。

图7-108

01 上传图片可选择在图像上添加点提示。单击为正点提示（黑点），右键单击为负点提示（红点），再次单击任意点取消提示，如图7-109所示。

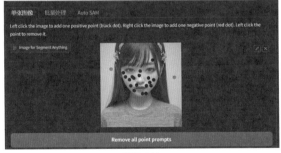

图7-109

02 单击Preview Segmentation按钮。由于SAM的限制，如果有多个bounding boxes，生成masks时点提示不会生效。

03 在生成的图像中选择最喜欢的，如图7-110所示。

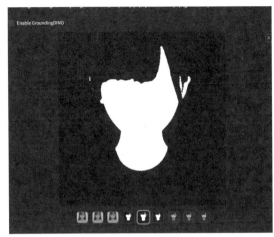

图7-110

04 勾选Copy to Inpaint Upload & ControlNet Inpainting 复选框，单击Switch to Inpaint Upload按钮，界面将自动跳转到图生图的局部重绘板块，如图7-111所示。

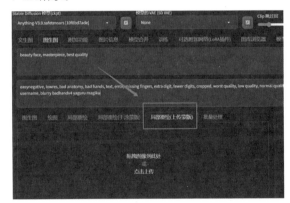

图7-111

05 配置 ControlNet 面板。单击Enable 按钮，"预处理器"选择inpaint_global_harmonious，"模型"选择control_v11p_sd15_inpaint [ebff9138]，如图7-112所示。无须将图像上传到 ControlNet 修复面板 。

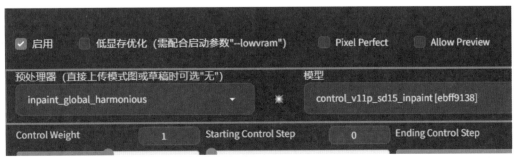

图7-112

06 编写提示词，单击"生成"按钮，可以看到人像的脸部分被重绘了，如图7-113所示。

图7-113

7.3 Tag 自动补全

Tag自动补全插件可以辅助输入，根据已输入的文字提供常用的词语提示，加快输入速度，界面如图7-114所示。

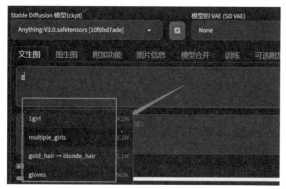

图7-114

接下来介绍Tag自动补全插件的安装步骤。

01 打开Stable Diffusion，依次单击"扩展"选项卡、"从网址安装"选项卡、"扩展的git仓库网址"，输入网址[1]，然后单击"安装"按钮，如图7-115所示。

图7-115

02 等待5秒，将看到消息Installed into Stable-Diffusion-webui\extensions\a1010-sd-webui-tagcomplete. Use Installed tab to restart。

03 转到"已安装"选项卡，单击"检查更新"按钮，然后单击"应用并重新启动UI"按钮。（下次还可以使用这些按钮来更新。）

04 完全重启 WebUI，包括终端。（如果不知道什么是"终端"，可以重启计算机来达到同样的效果。）

---

1 https://github.com/DominikDoom/a1111-sd-webui-tagcomplete

案例实战篇

第8章

游戏行业应用

AI绘画在游戏中的应用正日益普及，并在多个方面提供了创造性和效率的提升。以下是几个常见的应用领域。

- 角色多视图设计：传统上，游戏开发人员需要手动绘制游戏角色的多个视图，如正面、侧面、背面等，以便在游戏中实现动画效果。而AI绘画技术可以通过学习现有的角色设计和动画数据，自动生成这些多视图设计，减少了烦琐的手动绘制工作。
- 游戏原画生成：游戏原画通常需要独特而精美的视觉效果来吸引玩家。AI绘画可以通过学习大量现有的游戏原画作品，生成新的原画设计，为游戏提供独特的艺术风格和创意。
- 游戏场景设计：游戏中的场景设计对于营造游戏世界的氛围和美感至关重要。AI绘画可以帮助游戏开发人员快速生成、填充和布置游戏场景中的各种元素，如建筑物、植被、地形等。在减少手动绘制的工作量的同时，也为开发人员提供了更多的设计选项和灵感。
- 游戏图标设计：游戏图标是游戏在应用商店和游戏界面中的重要元素之一。AI绘画可以根据游戏的主题和风格，自动生成符合要求的游戏图标设计，节省了设计师手动绘制的时间和精力。
- VR场景渲染：虚拟现实（VR）游戏的场景渲染需要高度逼真的效果，以提供沉浸式的游戏体验。AI绘画技术可以利用深度学习和计算机视觉算法，快速生成高质量的虚拟场景渲染，使玩家能够享受到更逼真的VR游戏世界。

总的来说，AI绘画在游戏开发中提供了创造性、效率和灵感的增强。它不仅可以加快开发流程，减少人工劳动，还能够生成独特而精美的游戏视觉内容，提升玩家的游戏体验。

AI绘画在游戏开发中具有以下优势。

- 高效率：AI绘画技术可以通过自动化和快速生成图像的方式，大大减少人工绘画的时间和工作量。相比传统的手工绘制，AI绘画可以在短时间内生成大量高质量的图像和设计元素，为游戏开发人员提供更高效的工作流程。
- 创造独特性：AI绘画技术可以通过学习和分析大量的艺术作品和设计样本，生成具有独特风格和创意的图像和设计。这为游戏开发人员提供更多的选择和灵感，使他们能够创作出与众不同的游戏内容，吸引玩家的注意力。
- 扩展设计空间：AI绘画可以扩展游戏开发人员的设计空间，使他们能够尝试新的艺术风格、视觉效果和创意方向。通过AI生成的设计元素，游戏开发人员可以探索和实现更多的创意想法，创作出与众不同的游戏体验。
- 高质量输出：AI绘画技术结合了先进的计算机视觉和图像处理算法，可以生成高质量的图像和设计。这些生成的内容可以具有细腻的纹理、逼真的光影效果和精确的细节，为游戏提供更具视觉冲击力和真实感的表现。

综上所述，AI绘画在游戏开发中具有提高效率、创造独特性、扩展设计空间和输出高质量图像的优势。这些优势使得AI成为游戏开发人员的有力工具，为他们带来更多的创作自由和创意潜力。

8.1 角色多视图设计

游戏角色多视图是指在游戏中为游戏角色提供多个不同的视角的形象，以便玩家可以更好地了解角色的外观、能力和行动。

通常情况下游戏中的角色会有多个视图，其中包括正面视图、侧面视图、背面视图、面部特写视图等，如图8-1所示。

图8-1

8.1.1 二次元角色多视图设计

二次元角色多视图设计如图8-1所示，平面内依次生成不同视图的二次元女孩。如何生成这样的效果呢，下面举例详细说明。

扫码看视频教学

01 打开ControNet，插入三视图的骨架图，如图8-2所示。

图8-2

02 勾选"启用"复选框，"预处理器"选择none，"模型"选择openpose模型，如图8-3所示。

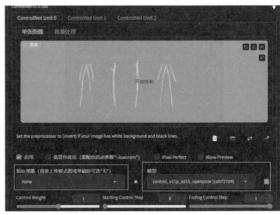

图8-3

03 单击图像下方的set dimensions按钮，将生成图片的尺寸设置为跟骨架图一样，如图8-4所示。

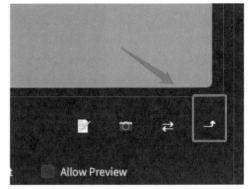

图8-4

04 "模型"选择"Anything-v3"；"采样方法"选择"Euler a"；尺寸设置为1024×512。勾选"面部修复"和"高清修复"复选框；"放大算法"选择"R-ESRGAN 4x+"；"放大倍率"设置为1.5；"重绘幅度"设置为0.7。参数设置如图8-5所示。

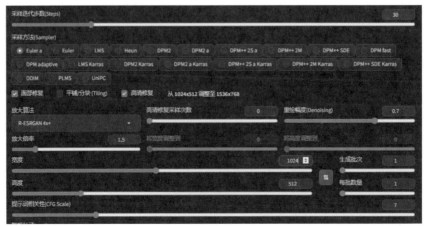

图8-5

输入提示词：1girl, simple background, (white background:1.5), multiple views,masterpiece, best quality

输入反向提示词：bad-artist bad-artist-anime bad_prompt_version2 badhandv4 easynegative ng_deepnegative_v1_75t yaguru magiku（此为embedding模型，直接在C站搜索下载即可）

05 单击"生成"按钮，得到的图片如图8-6所示。

图8-6

8.1.2　卡通角色多视图设计

图8-7所示是一个二次元角色多视图设计示例，平面内依次生成不同视图的动漫风格的女孩。

（扫码看视频教学）

图8-7

01 打开ControoNet，插入三视图的骨架图，如图8-8所示。

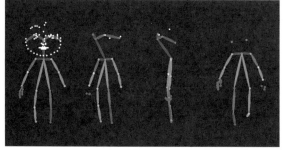

图8-8

02 勾选"启用"复选框，"预处理器"选择none，"模型"选择openpose模型，如图8-9所示。

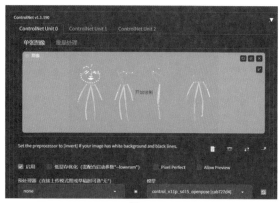

图8-9

03 单击单张图像下方set dimensions按钮，将生成图片的尺寸设置为跟骨架图一样，如图8-10所示。

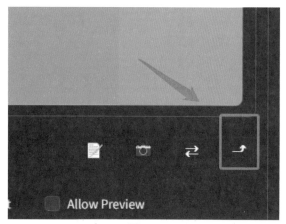

图8-10

04 "模型"选择"revAnimated-v122"；"采样方法"选择"DPM++SDE karras"；LoRA选择"blindbox_v1_mix"；尺寸设置为992×512；勾选"面部修复"和"高清修复"复选框；"放大算法"选择"R-ESRGAN 4x+"；"放大倍率"设置为2；"重绘幅度"设置为0.7；"提示词相关性"设置为7。参数设置如图8-11所示。

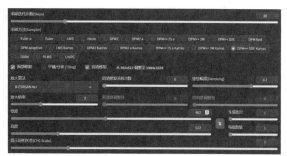

图8-11

输入提示词：simple background, white background:1.5),((multiple views)), get a front and back view

输入反向提示词：bad-artist bad-artist-anime

bad_prompt_version2 badhandv4 easynegative ng_deepnegative_v1_75t yaguru magiku（此为embedding模型，直接在C站搜索下载即可）

05 单击"生成"按钮，得到的图片如图8-12所示。

图8-12

8.2　游戏原画生成

原画通常是静态的、2D艺术作品，可以是手绘的概念草图、数字绘画或者3D渲染的概念设计（如图8-13所示），它们主要用于传达艺术家的想法和表达游戏世界的视觉风格，帮助团队内部沟通，启发设计。

图8-13

8.2.1　原画生成

假设要制作一款怪兽入侵的游戏，需要出一些原画概念稿来表达想法和内部沟通。可以通过文生图的方式来生成原画。

01 需要下载ReV Animated模型，可以在C站直接搜索ReV Animated进行下载，如图8-14所示。

扫码看视频教学

图8-14

02 提示词界面如图8-15所示。

图8-15

输入提示词：(ultra-detailed),(masterpiece) ,

(RAW photo), best quality, realistic, photorealistic, extremely detailed, [big monster on alien planet], [flying city in background],[Robots], [spacecraft], Photorealistic, Hyperrealistic, Hyperdetailed, analog style, soft lighting, subsurface scattering, realistic, heavy shadow, masterpiece, best quality, ultra realistic, 8k, golden ratio, Intricate, High Detail, film photography, soft focus

反向提示词选择embedding，可以用ReV Animated模型说明文档中提供的embedding，也可以自己输入一些常规的反向提示词，如图8-16所示。

图8-16

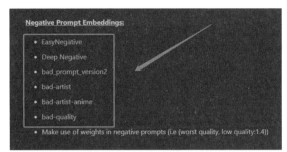

图8-17

03 模型说明文档可以下载，如图8-17所示。

04 尺寸设置为1024×512；"采样方法"选择"DPM++ SDE Karras"；"采样迭代步数"设置为20；"提示词相关性"设置为7。参数设置如图8-18所示。

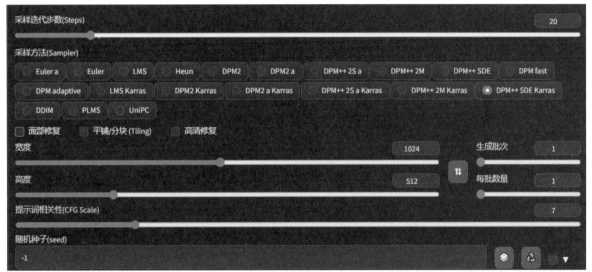

图8-18

05 单击"生成"按钮，得到的图片如图8-19所示。

图8-19

8.2.2 游戏场景设计

扫码看视频教学

游戏场景是具体的游戏环境，可以是虚拟的3D模型、纹理、光照效果等组成的交互式场景，如图8-20所示。

图8-20

下面来看一个例子，用文生图的方式来生成一个游戏内的场景。

01 打开webUI，选择"rev Animated"模型，如图8-21所示。

图8-21

02 lora选择"miniatureWorldStyle_v10:0.75"，参数设置为0.75（可以直接在C站搜索Miniature world style进行下载），如图8-22所示。

<lora:miniatureWorldStyle_v10:0.75>

图8-22

03 提示词界面如图8-23所示。

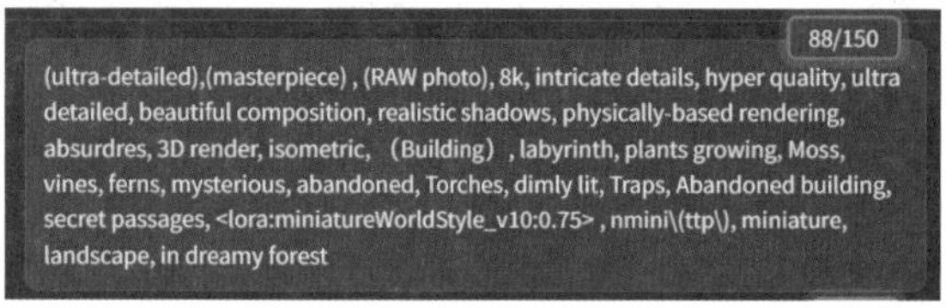

88/150

(ultra-detailed),(masterpiece) , (RAW photo), 8k, intricate details, hyper quality, ultra detailed, beautiful composition, realistic shadows, physically-based rendering, absurdres, 3D render, isometric, （Building） , labyrinth, plants growing, Moss, vines, ferns, mysterious, abandoned, Torches, dimly lit, Traps, Abandoned building, secret passages, <lora:miniatureWorldStyle_v10:0.75> , nmini\(ttp\), miniature, landscape, in dreamy forest

图8-23

输入提示词：(ultra-detailed),(masterpiece) , (RAW photo), 8k, intricate details, hyper quality, ultra detailed, beautiful composition, realistic shadows, physically-based rendering, absurdres, 3D render, isometric, （Building）, labyrinth, plants growing, Moss, vines, ferns, mysterious, abandoned, Torches, dimly lit, Traps, Abandoned building, secret passages, <lora:miniatureWorldStyle_v10:0.75> , nmini\(ttp\), miniature, landscape, in dreamy forest

反向提示词选择embedding，如图8-24所示，可以用revAnimated模型说明文档中提供的embedding，也可以自己输入一些常规的反向提示词。

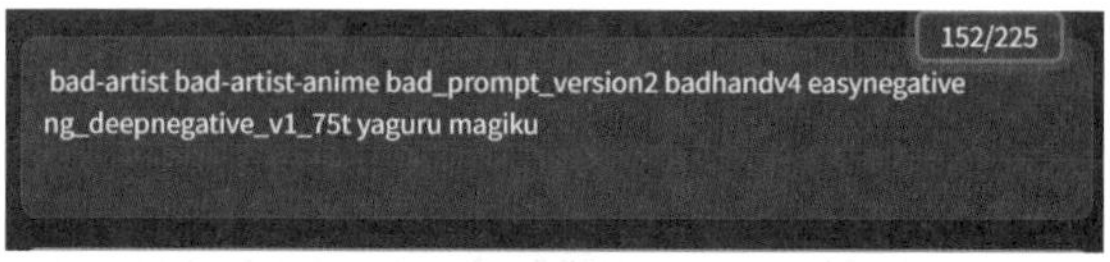

152/225

bad-artist bad-artist-anime bad_prompt_version2 badhandv4 easynegative ng_deepnegative_v1_75t yaguru magiku

图8-24

04 尺寸设置为1024×512；"采样方法"选择"DPM++ SDE Karras"；"采样迭代步数"设置为20；"提示词相关性"设置为7。参数设置如图8-25所示。

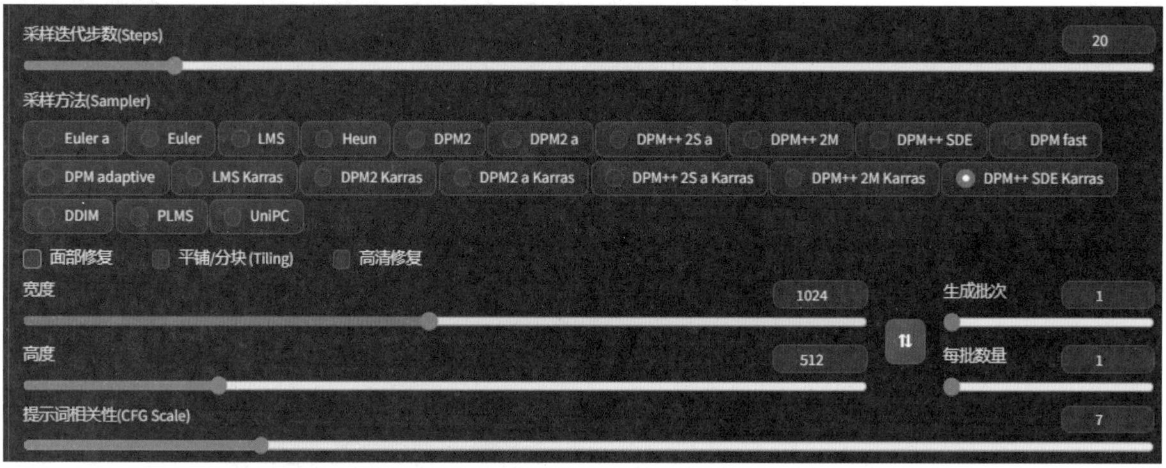

图8-25

05 单击"生成"按钮，得到的图片如图8-26所示。

图8-26

8.3 游戏图标设计

扫码看视频教学

游戏图标设计是指在游戏中使用的用于代表游戏、应用程序或特定功能的小型图像或符号的设计过程。游戏图标通常用于游戏界面、菜单、任务栏或移动设备的应用程序图标等。

下面来看一个例子。

01 打开webUI，选择"gameIconInstitute"模型（可以在C站搜索得到），如图8-27所示。

图8-27

02 输入提示词和反向提示词，如图8-28所示。

图8-28

输入提示词：Intricate magic ring made of flowers, cartoon, game icon (masterpiece)

输入反向提示词：easynegative:0.8（easynegative是一个embedding，可以在C站下载）如图8-29所示。

图8-29

03 尺寸设置为512×512；"采样方法"选择"DPM++ SDE Karras"；"采样迭代步数"设置为20；"提示词相关性"设置为7。参数设置如图8-30所示。

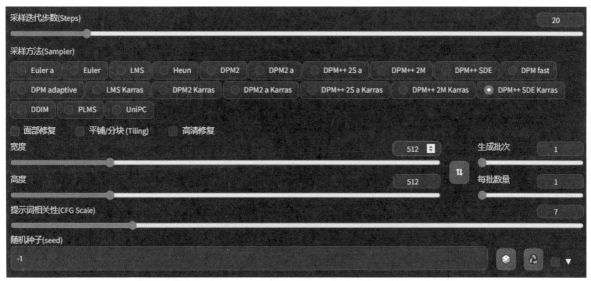

图8-30

04 单击"生成"按钮，得到的图片如图8-31所示。

图8-31

第 9 章

电子商务行业应用

本章将详细展示Stable Diffusion在电子商务行业的实际应用场景。在与服装、产品有关的电子商务业务运营的过程中，经常会有模特成本、场地成本、拍摄时间成本等问题，在传统的情况下，这些问题都是不可避免的。未来该如何改善这一问题，Stable Diffusion 提供了一些参考。

9.1　随机 AI 模特生成

扫码看视频教学

假设要生成一个定制化的AI模特，要求如下。

● 动作：站立姿势。
● 场景：城市街道。
● 视角：全身。
● 风格：现实风格。
● 衣服：婚纱。
● 发型：长发。

如何制作呢？动作、场景、视角和衣服可以采用文生成图的方式生成，风格方面可以使用大型模型来实现。

01 打开webUI，选择"rev Animated"模型，如图9-1所示。

Stable Diffusion 模型(ckpt)

revAnimated_v122.safetensors [4199bcdd14]　▼

图9-1

02 提示词界面如图9-2所示。

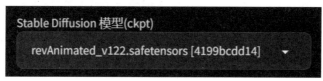

1 Girl, long hair, wedding dress, standing, city street, sunny, full body photo, high quality,masterpiece

bad-artist bad-artist-anime bad_prompt_version2 badhandv4 easynegative ng_deepnegative_v1_75t yaguru magiku

图9-2

输入提示词：1 Girl, long hair, wedding dress, standing, city street, sunny, full body photo, high quality, masterpiece

输入反向提示词：bad-artist bad-artist-anime bad_prompt_version2 badhandv4 easynegative ng_deepnegative_v1_75t yaguru magiku

03 尺寸设置为512×900；"采样方法"选择"DPM++ SDE Karras"；"采样迭代步数"设置为30；"提示词相关性"设置为7。参数设置如图9-3所示。

04 单击"生成"按钮，得到的图片如图9-4所示。

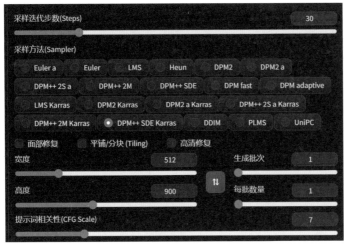

图9-3

图9-4

9.2 指定 AI 模特脸部特征

假设已经生成一张模特图，如图9-5所示，但是想要模特的脸是一张微笑的脸，要怎么做？这里要用到图生图板块的局部重绘功能。

图9-5

01 在Photoshop中将脸部的轮廓抠出，制作一张脸

部的蒙版，蒙版的颜色为黑色，如图9-6所示。

图9-6

02 打开webUI，选择"rev Animated"模型，如图9-7所示。

图9-7

03 选择"局部重绘（上传蒙版）"模块，上传原图和蒙版图，如图9-8所示。

图9-8

04 提示词界面如图9-9所示。

图9-9

输入提示词：(Happy face), (beautiful face), girl, big eyes,high quality,masterpiece

输入反向提示词：bad-artist bad-artist-anime bad_prompt_version2 badhandv4 easynegative ng_deepnegative_v1_75t yaguru magiku

05 "蒙版模糊"设置为4；"蒙版模式"选择"重绘非蒙版内容"（此模块中，黑色代表非蒙版区域，白色代表蒙版区域，上传的蒙版图脸部是黑色，所以这里要选择"重绘非蒙版内容"）；"蒙版蒙住的内容"选择"原图"；"重绘区域"选择"全图"；"仅蒙版模式的边缘预留像素"设置为40。蒙版参数设置如图9-10所示。

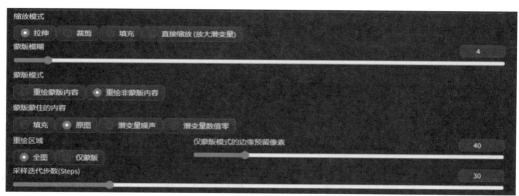

图9-10

06 "采样迭代步数"设置为30；"采样方法"选择"DPM++ SDE Karras"；勾选"面部修复"复选框；尺寸设置为1024×1824；"提示词相关性"设置为7；"重绘幅度"设置为0.6。采样参数设置如图9-11所示。

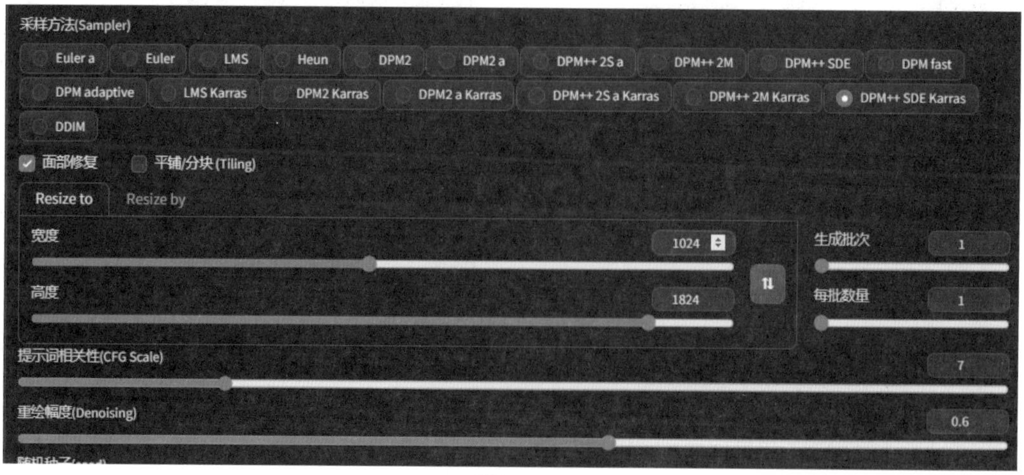

图9-11

07 单击"生成"按钮,得到的图片如图9-12所示。

图9-12

9.3 AI 图片高清放大 / 修复

AI图片高清放大是一种利用人工智能技术来提高图像分辨率和质量的方法。传统的图像放大方法在放大过程中会导致图像模糊、失真和像素化,而AI图片高清放大这一功能通过深度学习模型和图像重建算法,能够更准确地增强图像的细节和清晰度。

扫码看视频教学

AI图片高清放大的原理是基于大规模的图像数据集进行训练的深度学习模型。这些模型通过学习图像的特征和纹理,可以预测出高分辨率图像中可能存在的细节。当应用到低分辨率图像时,AI模型能够分析图像的内容并进行智能重建,填补细节并提高图像的清晰度。

以这张模糊的运动鞋图片为例,通过AI的图片高清放大功能,可以成功将图9-13所示的运动鞋从模糊状态转变为清晰状态。

图9-13

01 打开webUI,进入到"附加功能"模块,如图9-14所示。

图9-14

02 插入模糊状态的鞋子图片,如图9-15所示。

图9-15

03 Upscaler 1选项选择"R-ESRGAN 4x+",如图9-16所示。

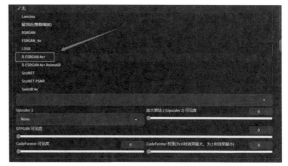

图9-16

04 单击"生成"按钮,可以看到鞋子变清晰了,如图9-17所示。

图9-17

最终分辨率变成了2632×2632,原图的分辨率为658×658,直接提升了4倍,如图9-18所示。

图像	
分辨率	2632 x 2632
宽度	2632 像素
高度	2632 像素
位深度	24

图9-18

第 10 章

插画行业应用

AI绘画在插画行业的应用正日益受到关注和重视。以下是AI绘画在插画行业中的一些应用。

- 创意辅助：AI绘画技术可以作为插画师的创意辅助工具。通过与AI模型的交互，插画师可以获得灵感和创作建议，帮助他们发掘新的创意方向和设计元素。
- 色彩和纹理生成：AI绘画可以用于自动生成色彩和纹理。插画师可以通过AI模型生成多种颜色和纹理的变化，快速探索和选择最适合插画作品的配色方案和纹理效果。
- 快速草图生成：AI绘画技术可以帮助插画师快速生成草图。通过输入简单的手绘草图或文字描述，AI模型可以自动生成更完整和详细的草图，为插画师提供更多创作选项和参考。
- 自动化绘制：AI绘画可以用于自动化绘制重复性元素。例如，插画师可以使用AI模型生成多个相似的角色形象或物品，以减少重复劳动并提高效率。

总之，AI绘画在插画行业的应用为插画师带来了更多的创作可能性并提升了效率。它不仅能够辅助创意的产生，还能提供色彩、纹理、草图等方面的帮助，并在自动化绘制和风格转换方面发挥作用。

10.1 线稿生成

AI 线稿生成技术是目前人工智能在绘画领域中的一项重要应用。利用计算机视觉、深度学习等技术，AI 线稿生成技术可以自动生成线条简洁、结构合理的草图，并在此基础上帮助设计师快速完成各种绘画任务。当今的 AI 技术已经可以生成各种类型的线稿，包括人物、动物、风景等，可以用于快速的原型设计、角色设计、动画制作、漫画创作等领域。

汽车设计师可以使用 AI 线稿生成技术来生成不同风格的汽车外观草图，进行初步的设计和筛选。另外，家具设计师也可以使用这项技术来生成各种家具的线稿图，以便于进行进一步的设计和制造。

在动画和游戏制作中，AI 线稿生成技术也具有广泛的应用。动画制作人员可以使用这项技术来生成动画角色的线稿图，从而提高动画制作的效率和质量；还可以使用这项技术来快速生成游戏角色的线稿图，节省角色设计的时间和成本。

在建筑设计中，AI 线稿生成技术可以帮助建筑师生成建筑的线稿和蓝图，提高建筑设计的准确性和效率。例如，建筑师可以使用这项技术来生成建筑的立面图和平面图，进行初步的设计和规划。

10.1.1 案例 1：写实风格场景线稿

假设需要快速得到一张写实风格场景的线稿，接下来是具体操作。

01 确定一张像素大小为512×512的场景图片，如图10-1所示。

扫码看视频教学

图10-1

图10-2

02 打开webUI，选择ChilloutMix模型（可以在C站搜索得到），如图10-2所示。

03 在C站提前下载lora：archline-建筑线稿，如图10-3所示。

04 提示词界面如图10-4所示。

图10-3

图10-4

输入提示词：line art,line work,line drawing,monochrome,masterpiece,detailed Scenarios,perspective,classroom,sunlight,<lora:archline-V1:1>

注意： 此处特别调用了LoRA，增加了图片内容相关的描述。

输入反向提示词：Negative prompt: lowres, bad anatomy, (worst quality:2), (low quality:2), (normal quality:2),sketch,paintings,bookcase，lowres, bad anatomy, text, error.

05 单击"文生图"选项卡，"迭代步数"设置为20；"采样方法"选择"DPM++ 2S a Karras"；尺寸设置为512×512；"提示词引导系数"设置为7。参数设置如图10-5所示。

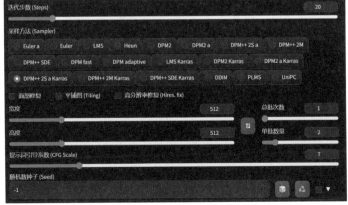

图10-5

06 在"文生图"界面下方找到ControlNet，在此处插入一张场景图片，勾选"启用"复选框；"预处理器"选择canny；"模型"选择"control_v1p_sd15_canny [d14c016b]"；Preprocessor Resolution设置为512；Control Mode选中"均衡"单选按钮。参数设置如图10-6所示。

07 单击"生成"按钮，得到的图片如图10-7所示。

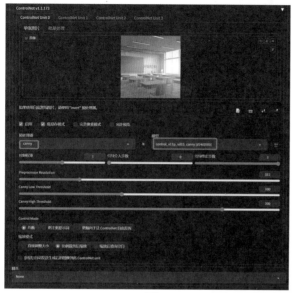

图10-6

图10-7

10.1.2 案例2：动漫风格场景线稿

假设需要快速得到一张动漫风格场景的线稿，接下来是具体操作。

01 确定一张像素大小是512×512的场景图片，如图10-8所示。

02 在C站提前下载lora：Anime Lineart / Manga-like (线稿/線画/**マンガ**风/漫画风) Style，如图10-9所示。

扫码看视频教学

图10-8

图10-9

03 打开webUI，选择"anything-v5-PrtRE.safetensors[7f96a1a9ca]"模型，如图10-10所示。

图10-10

04 提示词界面如图10-11所示。

图10-11

输入提示词：black and white line art, a line drawing, line work,masterpiece,detailed Scenarios，A potted plant，sunshine，<lora:animeoutlineV4_16:1>

注意：此处特别调用了LoRA，增加了图片内容相关的描述。

输入反向提示词：Negative prompt: lowres, bad anatomy, (worst quality:2), (low quality:2), (normal quality:2),paintings, sketches,lowres, bad anatomy, text, error.

05 选择"文生图"选项卡，"迭代步数"设置为20；"采样方法"选择"DPM++ 2M Karras"；尺寸设置为512×512；"提示词相关性"设置为7。参数设置如图10-12所示。

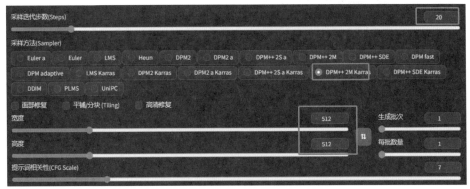

图10-12

06 在"文生图"选项卡界面下方找到ControlNet，在此处插入写实风景图片，勾选"启用"复选框；"预处理器"选择canny；"模型"选择"control_v11p_sd15_canny [d14c016b]"；Preprocessor Resolution设置为512；Control Mode选中"均衡"单选按钮。参数设置如图10-13所示。

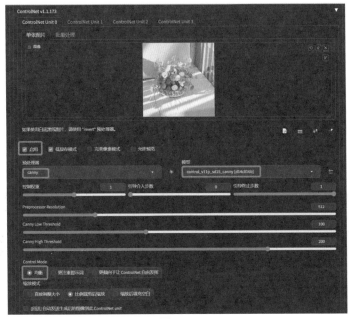

图10-13

07 单击"生成"按钮，得到的图片如图10-14所示。

图10-14

10.2 草稿上色 / 图转草稿

草稿上色是一种基于人工智能技术的绘画技巧，尤其在数字绘画领域中受到了广泛的关注和应用。

在草稿上色中，人工智能技术通过学习人类艺术家的色彩运用习惯和规律，可以在绘画草稿的基础上自动完成上色过程。相比于传统的手工上色，草稿上色技术可以在短时间内完成大量绘画作品的上色任务，并保证色彩搭配的准确性和一致性。因此，草稿上色技术被广泛应用于漫画绘制、动画制作、电子游戏设计等领域，大大提升了制作效率和画面的色彩表现力。草稿上色技术的发展，不仅为数字绘画领域的艺术家带来了更加便捷的创作方式，同时也为数字化转型的企业提供了更为丰富和多元的产品设计和创意服务。

以漫画绘制为例，草稿上色技术可以通过分析原作漫画的颜色和风格特点，自动为新的漫画作品上色，从而使得漫画作者能够更加专注于故事情节和角色设计，提高创作效率。在动画制作中，草稿上色技术可以将绘画师手绘的动画草稿自动上色，提高动画制作的效率和质量，同时也降低了制作成本。

10.2.1 案例1：漫画人物上色

下面以一个女孩草稿为例，以新海诚的风格给草稿上色，如图10-15所示。

图10-15

01 打开webUI，选择"anything-v5-PrtRE.safetensors[7f96a1a9ca]"模型，如图10-16所示。

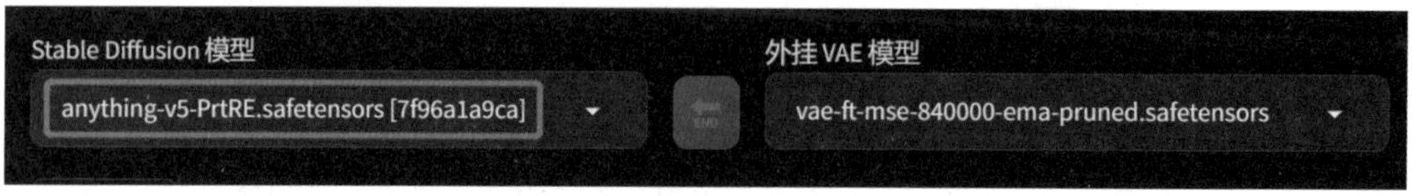

Stable Diffusion 模型	外挂 VAE 模型
anything-v5-PrtRE.safetensors [7f96a1a9ca]	vae-ft-mse-840000-ema-pruned.safetensors

图10-16

02 提示词界面如图10-17所示。

图10-17

输入提示词：high quality, masterpiece, Makoto Shinkai style of 1girl,blue eyes,short skirt,sunset, sky, clouds,wind

输入反向提示词：sketches, (worst quality:2), (low quality:2), (normal quality:2), lowres, ((monochrome)), skin spots, acnes, skin blemishes, age spot, (ugly:1.331), (duplicate:1.331), (morbid:1.21), ((grayscale)), extra fingers, mutated hands, ((poorly drawn hands)), ((poorly drawn face)), (((mutation))), (((deformed))), blurry, ((bad anatomy)), (((bad proportions))), ((extra limbs)),high contrast,high saturation

03 单击选择文生图选项卡，"迭代步数"设置为27；"采样方法"选择"DPM++ 2S a Karras"；勾选"面部修复"和"高分辨率修复"复选框；"放大算法"选择"R-ESRGAN 4x+ Anime6B"；尺寸设置为512×512；"提示词引导系数"设置为7。参数设置如图10-18所示。

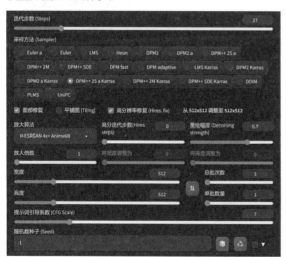

图10-18

04 在"文生图"选项卡界面下方找到Control-Net，在此处插入女孩的图片，勾选"启用"复选框；"预处理器"选择"invert (from white bg & black line)"；"模型"选择"control_v11p_

sd15s2_lineart_anime[3825e83e]"；Control Mode选中"均衡"单选按钮。参数设置如图10-19所示。

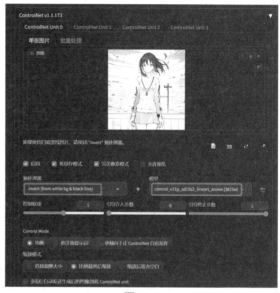

图10-19

05 单击"生成"按钮，得到的图片如图10-20所示。

图10-20

10.2.2　案例2：漫画场景上色

下面以一个漫画场景为例，用水彩的风格给它上色，如图10-21所示。

扫码看视频教学

图10-21

01 打开webUI，选择"anything-v5-PrtRE.safetensors[7f96a1a9ca]"模型，如图10-22所示。

图10-22

02 提示词界面如图10-23所示。

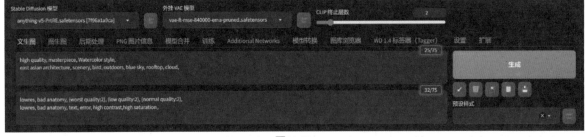

图10-23

输入提示词：high quality, masterpiece, Watercolor style,east asian architecture, scenery, bird, outdoors, blue sky, rooftop, cloud

输入反向提示词：lowres, bad anatomy, (worst quality:2), (low quality:2), (normal quality:2),lowres, bad anatomy, text, error, high contrast,high saturation

03 选择"文生图"选项卡，"迭代步数"设置为20；"采样方法"选择"DPM++ 2S a Karras"；尺寸设置为512×512；"提示词引导系数"设置为7。参数设置如图10-24所示。

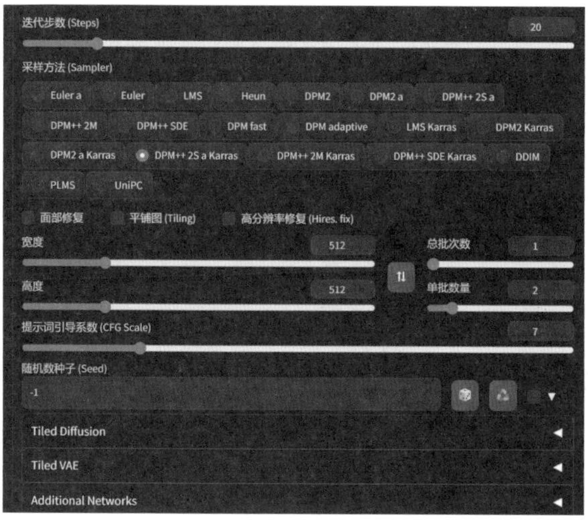

图10-24

04 在"文生图"选项卡界面下方找到Control-Net，在此处插入漫画场景的图片，勾选"启用"复选框；"预处理器"选择"invert (from white bg & black line)"；"模型"选择"control_v11p_sd15_lineart[43d4be0d]"；Control Mode选中"均衡"单选按钮。参数设置如图10-25所示。

图10-25

05 单击"生成"按钮，得到的图片如图10-26所示。

图10-26

10.3 小说插图（单人与多人）

AI生成小说插图，是人工智能领域的一个研究热点。在插图创作领域，利用AI技术可以快速生成大量精美的插图，为用户提供便捷的阅读体验。

小说插图来源于传统小说插图中的人物、场景和情节，是一种重要的视觉元素。在小说插图中，人物和场景都可以通过图片、文字、图像等方式来呈现，以满足不同用户对信息获取的需求。它是小说中人物形象、故事情节和小说主题的一种直观再现，具有直观性和形象性特征。

在使用Stable Diffusion绘图时，如果想获得一组多人图，可以在提示词中添加对应的词条，例如2girls、3characters等，就可以获得多人物的图像（如图10-27所示）。不过该方法有一定的局限性，即画面不美观、缺乏艺术感等，即使输入了很详细的提示词（如图10-28所示），也很难生成与想法一致的图像，人物数量、人物姿势、人物特征、背景、氛围、风格、色调等都是需要控制的变量。因此该方法只适合Midjourney等没有插件的平台使用。

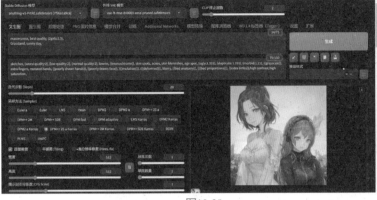

图10-27 图10-28

和其他平台不同的是，Stable Diffusion有大量的插件，可以帮助用户更为精确地控制人物的位置、动作、组合方式，生成高质量、高精度的小说插图。Stable Diffusion 生成的插图如图10-29所示。

图10-29

10.3.1 案例1：单人小说插图

以下面这段小说文字为例，选用Lucy形象作为本文的主角，生成单人小说插图。

"夜晚，Lucy站在城市的街道上，她在思考着自己的人生，回忆着过去的岁月。她想起了曾经在家乡的夜晚，和家人一起看着月亮的情景。那时，她还只是一个年幼的女孩，但是她总是喜欢望着月亮，幻想着未来的美好。现在，她已经长大了，来到了这个城市。每当夜晚来临，她都会来到这条街道上，看着天上那轮皎洁的月亮。这是她生命中最美好的时光之一。"

扫码看视频教学

01 在C站提前下载lora：Anime Lineart / Manga-like (线稿/線画/マンガ风/漫画风) Style，如图10-30所示。

图10-30

02 在C站提前下载lora：Lucy (Cyberpunk Edgerunners) LoRA，触发词：lucy \(cyberpunk\)，如图10-31所示。

图10-31

03 打开webUI，选择"anything-v5-PrtRE.safetensors[7f96a1a9ca]"模型，如图10-32所示。

图10-32

04 提示词界面如图10-33所示。

图10-33

输入提示词：lucy \(cyberpunk\)<lora:lucyCyberpunk_35Epochs:1>,1girl,evening,moon,night view,alone,over-looking perspective，back shadow,white hair

输入反向提示词：lowres, bad anatomy, ((bad hands)), (worst quality:2), (low quality:2), (normal quality:2),lowres, bad anatomy, bad hands, text, error, missing fingers,high saturation, high contrast

05 单击选择文生图选项卡，"迭代步数"设置为20；"采样方法"选择"DPM++ 2S a Karras"；勾选"面部修复"和"高清修复"复选框；"放大算法"选择"R-ESRGAN 4x+"；尺寸设置为1016×512；"提示词相关性"设置为7。参数设置如图10-34所示。

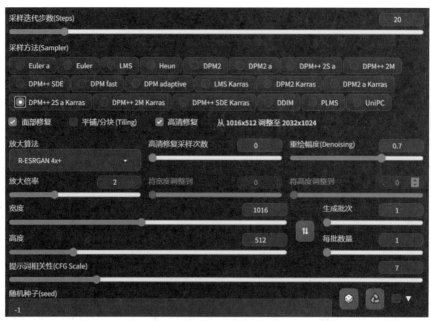

图10-34

06 单击"生成"按钮，得到的图片如图10-35所示。

图10-35

10.3.2　案例2：多人小说插图（1）

假设需要生成两个女孩的小说插图，需要用到Latent Couple。

Latent Couple用于对图片进行分区渲染从而达到多人图效果。但如果是超过5个角色以上的图像生成，Latent Couple就会表现不佳，出图率很低，因此一般推荐使用它完成二三个角色的绘制。

扫码看视频教学

分区用于设置画面分割区域大小。第一个1:1是默认全图，不需要修改；之后是每个区域的大小，1:2表示高占全图1/1，宽占全图1/2。连续两个1:2，就是把区域平均分成两份。以此类推。

"位置"用于指定每段提示词对应的分割区域。第1个0:0是全图提示词，不用改；之后的分别对应每段提示词依次对应的区域，0:0代表第1行第1列的区域，0:1代表第1行第2列的区域。以此类推。

"权重"用来设置每段提示词的权重强度。第1个0.2代表全图提示词的强度，后面的权重分别与"位置"指定的提示词对应。

默认状态下是双人图设置，参数设置如图10-36所示。

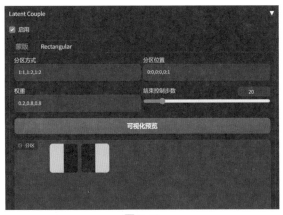

图10-36

- 分区方式：1:1,1:2,1:2。
- 分区位置：0:0,0:0,0:1。
- 权重：0.2,0.8,0.8。

三人图设置如图10-37所示。

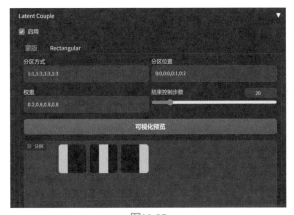

图10-37

- 分区方式：1:1,1:3,1:3,1:3。
- 分区位置：0:0,0:0,0:1,0:2。
- 权重：0.2,0.8,0.8,0.8。

四人图设置如图10-38所示。

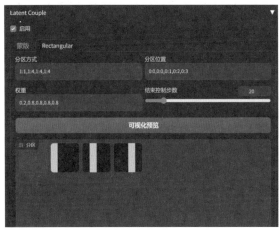

图10-38

- 分区方式：1:1,1:4,1:4,1:4,1:4。
- 分区位置：0:0,0:0,0:1,0:2,0:3。
- 权重：0.2,0.8,0.8,0.8,0.8。

接下来是具体操作。

01 为了避免绘制双人图时人物位置随机生成，需要在调用ControlNet限定人物姿势的同时调用扩展：Latent Couple，如图10-39所示。

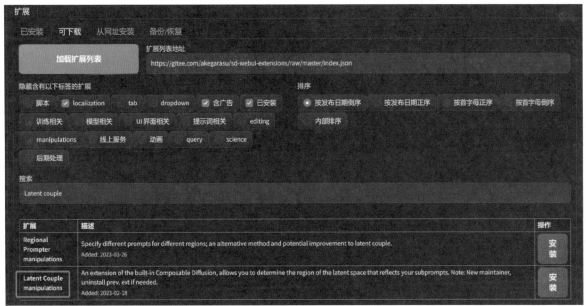

图10-39

02 打开Latent Couple扩展，本次案例以双人图为例，Latent Couple扩展设置如图10-40所示。

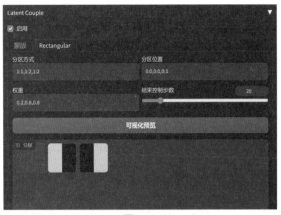

图10-40

- 分区方式：1:1,1:2,1:2。
- 分区位置：0:0,0:0,0:1。
- 权重：0.2,0.8,0.8。

03 确定一张有两个女孩的图片，限制生成图像的人物姿势，如图10-41所示。

图10-41

04 提示词界面如图10-42所示。

图10-42

输入提示词：2girls,flowers,AND 2girls,black hair,long hair,long sleeves, long pants,AND 2girls,pink hair,long hair,long sleeves, long pants

注意：正向提示词需要注意以下格式。
第1行：全图提示词。
第2行：AND位置1提示词。
第3行：AND位置2提示词。

输入反向提示词：easynegative,bad quality,low quality,normal quality,worst quality,nsfw,loli,exposed attire,poorly drawn hands,bad hands,extra fingers

05 选择"anything-v5-PrtRE.safetensors[7f96a1a9ca]"模型，如图10-43所示。

图10-43

06 选择"文生图"选项卡，"迭代步数"设置为20；"采样方法"选择"DPM++ 2M Karras"；勾选"面部修复"和"高分辨率修复"复选框；"放大算法"选择"R-ESRGAN 4x+ Anime6B"；尺寸设置为512×512；"提示词引导系数"设置为7。参数设置如图10-44所示。

图10-44

07 在"文生图"选项卡界面下方找到ControlNet，在此处插入人物造型图片。勾选"启用"复选框；"预处理器"选择"openpose_full"；"模型"选择"control_v11p_sd15_openpose [cab727d4]"；"Preprocessor Resolution"设置为512；"控制模式"选中"均衡"单选按钮。参数设置如图10-45所示。

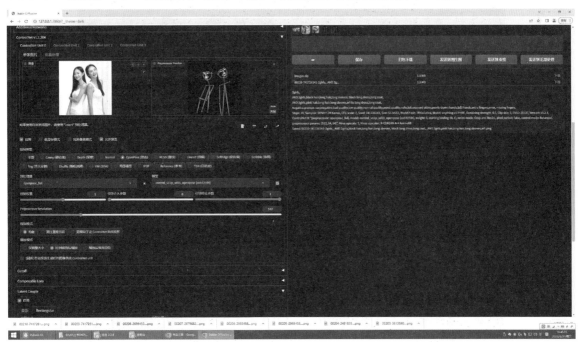

图10-45

08 单击"生成"按钮，得到的图片如图10-46所示。

图10-46

10.3.3　案例3：多人小说插图（2）

如果需要获得更准确的多人小说插图，只运用Latent Couple扩展是不够的，可以调用LoRA。用于对绘制进行分区，对不同的人物提示词字段使用不同的LoRA模型，避免LoRA之间的污染。

扫码看视频教学

下面仍以两个女孩的小说插图为例。

01 为了避免绘制双人图时LoRA之间的互相污染，需要配置扩展：Composable LoRA，如图10-47所示。

图10-47

02 在C站提前下载lora：Lucy (Cyberpunk Edgerunners) LoRA，触发词：lucy \(cyberpunk\)，如图10-48所示。Shenhe - LoRA Collection of Trauter's，触发词：shenhe \(genshin impact\)，如图10-49所示。

　图10-48

图10-49

03 勾选"启用"复选框，启用Composable LoRA，如图10-50所示。

图10-50

04 勾选"启用"复选框，启用Latent Couple。不等分的双人图设置如图10-51所示，左边人物占2/3，右边人物占1/3。

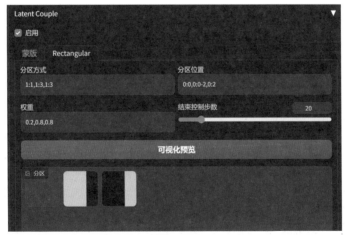

图10-51

● 分区方式：1:1,1:3,1:3。

● 分区位置：0:0,0:0-2,0:2。

● 权重：0.2,0.8,0.8。

05 选择"anything-v5-PrtRE.safetensors[7f96a1a9ca]"模型，如图10-52所示。

图10-52

06 确定一张有两个女孩的图片，限制生成图像的人物姿势，如图10-53所示。

图10-53

07 提示词界面如图10-54所示。

图10-54

输入提示词：2girls,AND 2girls,white hair,shenhe \(genshin impact\),<lora:shenheLoraCollection_shenhe-Hard:0.6>,AND 2girls,white hair,lucy \(cyberpunk\),<lora:lucyCyberpunk_35Epochs:0.6>

输入反向提示词：easynegative,bad quality,low quality,normal quality,worst quality,nsfw,loli,exposed attire,poorly drawn hands,bad hands,extra fingers,raised hands,text

08 选择"文生图"选项卡，"迭代步数"设置为20；"采样方法"选择"DPM++ 2M Karras"；勾选"面部修复"和"高分辨率修复"复选框；"放大算法"选择"R-ESRGAN 4x+ Anime6B"；尺寸设置为512×512；"提示词引导系数"设置为7。参数设置如图10-55所示。

图10-55

09　在文生图界面下方找到ControlNet，在此处插入人物造型图片，勾选"启用"复选框；"预处理器"选择"openpose full"；"模型"选择"control_v11p_sd15_openpose [cab727d4]"；"控制模式"选中"更注重提示词"单选按钮。参数设置如图10-56所示。

10　单击"生成"按钮，得到的结果如图10-57所示。

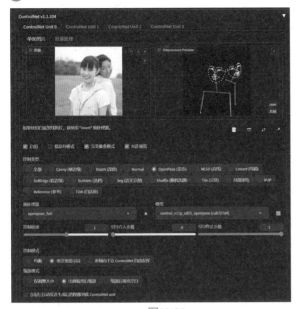

图10-56

图10-57

10.4　图片扩充

图生图的图片扩展功能是在原有图片内容基础上向外再生成更多内容，允许把原始图像边缘的一部分作为条件，去重新扩充生成更为完整的不同尺寸的图像，同时不改变原图的构图、风格和色彩。

扫码看视频教学

这个功能给插画师提供了很多灵感来源和创作的可能性，也方便后期修改尺寸。例如将只有上半身的人物图生成他的全身图、竖图扩展生成横图、横图扩展生成竖图等应用场景。通过不断重绘以及不断调整参数来满足用户个性化的需求，达到最终想要的效果。

假设需要扩充以下这张尺寸为512×512的动漫场景图片，如图10-58所示。

可以通过"PNG图片信息"来导入，如图10-59所示。

图10-58

图10-59

01 打开webUI，选择"anything-v5-PrtRE.safetensors[7f96a1a9ca]"模型。

02 提示词界面如图10-60所示。

图10-60

输入提示词：scenery, no humans, outdoors, sky, stairs, day, grass, cloud, tree, blue sky, mountain, ruins, rock, building

输入反向提示词：EasyNegative,sketches, (worst quality:2), (low quality:2), (normal quality:2), lowres, ((monochrome))

03 使用图生图模式，重新修改高度和宽度，根据显卡的性能进行修改。重绘幅度调小，保证原图不变，只扩充增加的部分。"缩放模式"选择"缩放后填充空白"；"重绘尺寸"设置为768×512；"重绘幅度"设置为0。参数设置如图10-61所示。

图10-62

05 把生成的图片拖入"图生图"，选择"局部重绘"选项，用光标绘制出需要重新绘制的区域，即图片的黑色部分，"蒙版模式"选择"重绘蒙版内容"；"重绘幅度"设置为0.7。参数设置如图10-63所示。

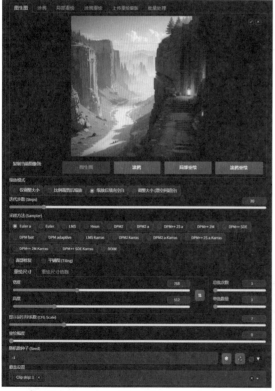

图10-61

04 单击"生成"按钮，得到的图片如图10-62所示。

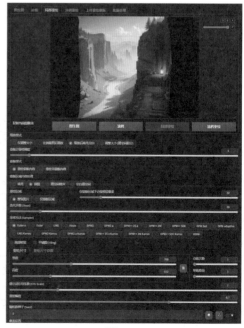

图10-63

06 单击"生成"按钮，得到的图片如图10-64所示。

图10-64

10.5　AI 辅助海报生成

设计师设计海报时不仅需要注意外观设计，还要注重海报的营销策略、信息传递等方面，以便更好地满足客户需求。AI工具为海报生成提供了新的灵感和思路。AI工具既可以辅助非专业人士轻松上手设计出一张海报，也可以辅助有能力的设计师高效、高质量地完成客户要求的海报设计任务。

扫码看视频教学

作为设计师，如果想获得AI辅助海报的生成，需要提前确定画面风格和构图，打好草稿；如果是模糊的需求，AI也捕捉不到重点，会生成大量类似但不符合需求的图像。

ChatGPT可以辅助设计师的海报设计思路文字化、具象化、多样化，Stable Diffusion可以辅助设计师生成可以直接应用的海报内容元素，最后再使用Photoshop工具完善海报细节，如添加文字、特效等，即可得到一张需要的海报。

下面以《小王子》主题的儿童节海报为例。

● 确定画面风格：童话风格。

● 提取提示词：小王子、金发男孩、城堡、红玫瑰。

01 选择"anything-v5-PrtRE.safetensors[7f96a1a9ca]"模型，如图10-65所示。

图10-65

02 提示词界面如图10-66所示。

图10-66

119

输入提示词：Little boy, blonde hair, silhouette, red roses,The castle in the distance, blue sky,Fantasy, Romantic, cinematic, poster.

输入反向提示词：((nsfw)),sketches,text,words,(worst quality:2), (low quality:2), (normal quality:2), low-ers, normal quality,((monochrome)),((grayscale))facing away,looking away,text, error ,extra digit, fewer digits, cropped,jpeg artifacts,signature, watermark, username,blurryskin spots, acnes, skin blemishes, bad anatomyfat,bad feet,cropped,poorly drawn hands,poorlydrawn face,mutation,deformed,tilted head, bad anatomy,bad hands,ex-tra fingers,fewer digits,extra limbs,extra arms,extralegs,malformed limbs,fused fingers,too many fingers,long neck,cross-eyed,mutated hands,badbody,bad proportions,gross proportions,text,error,missing fingers,missing arms,missing legs,extradigit, extra arms, extra leg, extra foot,missing fingers.

03 选择"文生图"选项卡，"迭代步数"设置为20；"采样方法"选择"Euler a"；尺寸设置为512×768；"提示词相关性"设置为7。参数设置如图10-67所示。

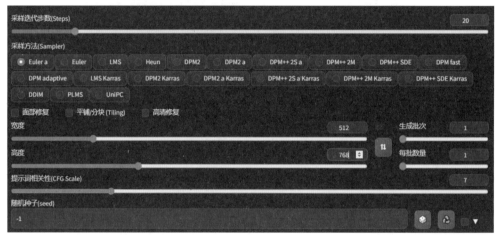

图10-67

04 单击"生成"按钮，得到的图片如图10-68所示。

图10-68

05 将Stable Diffusion 生成的图片导入设计软件，调整构图，添加字体和特效，即可得到一张"儿童节"海报，如图10-69所示。

图10-69

第 11 章

建筑行业应用

AI绘画对建筑行业可能产生积极的影响，可以满足室内设计、建筑鸟瞰、建筑人视、规划、景观等实际工作场景需求。它可以捕捉图像的细节和氛围，并识别图像中的需求和限制。通过分析这些信息，可以更好地理解建筑设计师的设计要求，帮助建筑设计师快速生成各种类型的图像，包括平面图、方案图和效果图等，如图11-1所示。

Stable Diffusion并不是一种渲染工具，而是一种可以辅助建筑设计师进行设计的工具，它可以给设计师提供丰富的设计灵感。但是在表达细节方面，如果需要精确稳定地输出，Stable Diffusion并不能和VRay、3ds Max这些传统的渲染工具相比。

图11-1 Stable Diffusion生成的室内设计图像

11.1 室内设计（无线稿）

假设需要快速得到一张卧室的室内设计的效果图。不借用参考图片，单纯使用提示词限定即可生成一张需要的图片，给设计师提供软装的灵感。

01 打开webUI，选择"chilloutmix"模型（可以在C站搜索得到）。

02 提示词界面如图11-2所示。

图11-2

输入提示词：bedroom interior, masterpiece, best quality, highres, absurdres, revision, extremely detailed cg unity 8k wallpaper, realistic, photorealistic,high contrast

输入反向提示词：bad-picture-chill-75v,lowres, bad anatomy, bad hands, text, missing fingers, error, extra digit, fewer digits, worst quality, cropped, low quality, normal quality, jpeg artifacts, signature, watermark, username, simple background, low res, line art, flat colors, dated, toony, bad feet, nsfw, missing arms, humpbacked, long neck, nude, shadow, skeleton girl, artist name, blurry, chromatic aberration abuse, parody

03 选择"文生图"选项卡，"迭代步数"设置为40；"采样方法"选择"DPM++ 2M Karras"；勾选"高分辨率修复"复选框；"放大算法"选择"R-ESRGAN 4x+"；"重绘幅度"设置为0.6；"放大倍数"设置为1.2；尺寸设置为768×512；"提示词引导系数"设置为8。参数设置如图11-3所示。

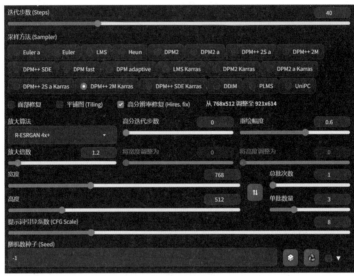

图11-3

04 单击"生成"按钮，得到的图片如图11-4所示。

图11-4

11.2 室内设计（有线稿）

假设需要根据现成的室内设计的线稿快速得到一张卧室的室内设计的效果图，可以调用ControlNet进行辅助。室内设计线稿如图11-5所示。

扫码看视频教学

图11-5

01▶ 打开webUI，选择"chilloutmix"模型（可以在C站搜索得到）。

02▶ 提示词界面如图11-6所示。

图11-6

输入提示词：modern house, bedroom interior, masterpiece, best quality,roof, solid wood flooring,extremely detailed cg unity 8k wallpaper, realistic, photorealistic

输入反向提示词：sofa,lowres, bad anatomy, bad hands, text, missing fingers, error, extra digit, fewer digits, worst quality, cropped, low quality, normal quality, jpeg artifacts, signature, watermark, username, simple background, low res, line art, flat colors, dated, toony, bad feet, nsfw, missing arms, humpbacked, long neck, nude, shadow, skeleton girl, artist name, blurry, chromatic aberration abuse, parody，logo

03▶ 选择"文生图"选项卡，"迭代步数"设置为40；"采样方法"选择"DPM++ 2M Karras"；勾选"高分辨率修复"复选框；"放大算法"选择"R-ESRGAN 4x+"；尺寸设置为768×512；"提示词引导系数"设置为7。参数设置如图11-7所示。

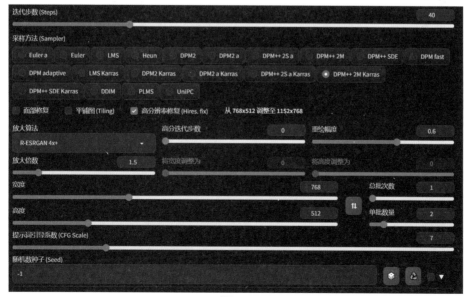

图11-7

04 在"文生图"选项卡界面下方找到ControlNet，在此处插入建筑图片，勾选"启用"复选框；"预处理器"选择"invert (from white bg & black line)"；"模型"选择"control _v11p sd15 mlsd [aca30ff0]"；"控制模式"选中"均衡"单选按钮。参数设置如图11-8所示。

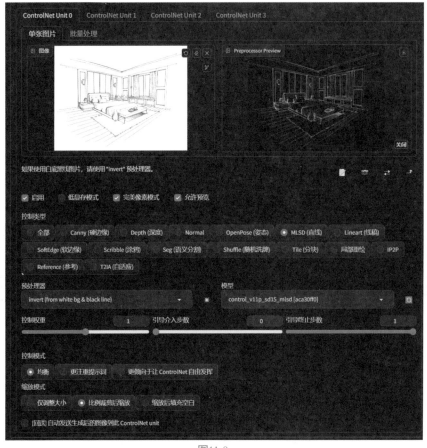

图11-8

05 单击"生成"按钮，得到的图片如图11-9所示。

图11-9

11.3　建筑设计

建筑设计师可以利用AI绘画工具进行辅助设计，下面介绍几个案例。

11.3.1　案例1：单体人视图

假设需要根据这张单体建筑的模型线稿生成一张建筑效果图，如图11-10所示。

扫码看视频教学

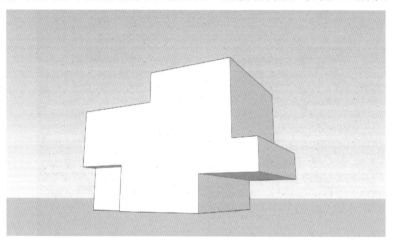

图11-10

01 打开webUI，选择"chilloutmix"模型（可以在C站搜索得到）。

02 提示词界面如图11-11所示。

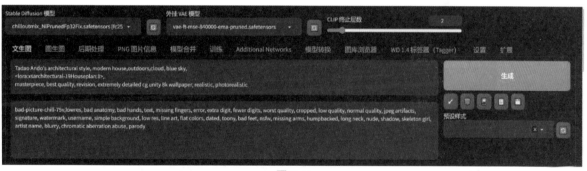

图11-11

输入提示词：Tadao Ando's architectural style, modern house,outdoors,cloud, blue sky,<lora:xsarchitec-tural-19Houseplan:1>,masterpiece, best quality, revision, extremely detailed cg unity 8k wallpaper, realistic, photorealistic.

输入反向提示词：bad-picture-chill-75v,lowres, bad anatomy, bad hands, text, missing fingers, error, extra digit, fewer digits, worst quality, cropped, low quality, normal quality, jpeg artifacts, signature, watermark, username, simple background, low res, line art, flat colors, dated, toony, bad feet, nsfw, missing arms, humpbacked, long neck, nude, shadow, skeleton girl, artist name, blurry, chromatic aberration abuse, parody.

03 选择"文生图"选项卡，"迭代步数"设置为40；"采样方法"选择"Euler a"；勾选"高分辨率修复"复选框；"放大算法"选择"R-ESRGAN 4x+"；"重绘幅度"设置为0.5；"放大倍数"设置为1.2；尺寸设置为768×512；"提示词引导系数"设置为8。参数设置如图11-12所示。

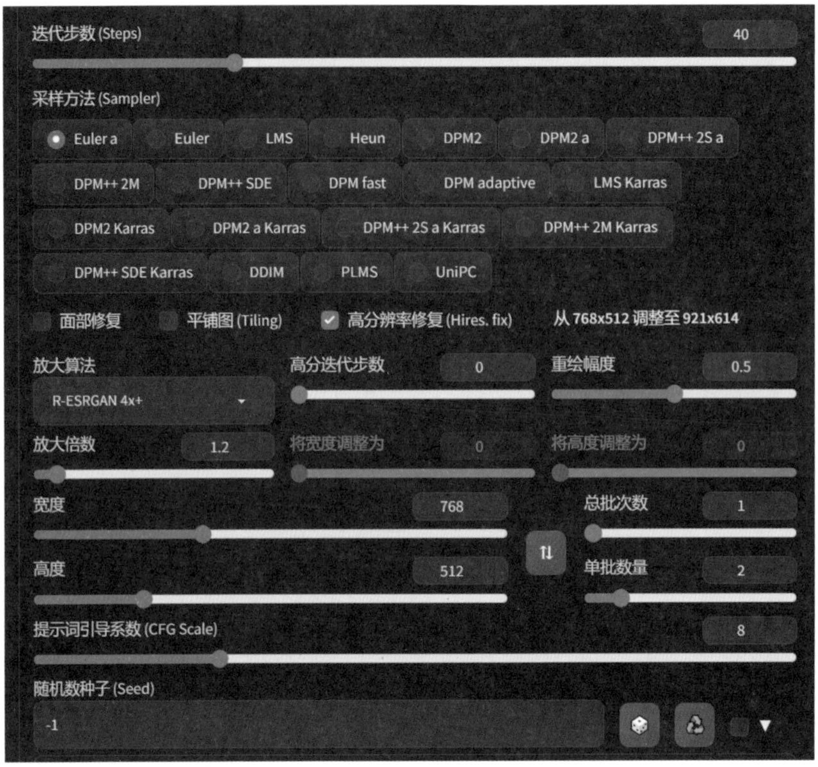

图11-12

04 在"文生图"选项卡界面下方找到ControlNet，在此处插入模型线稿的图片，勾选"启用"和"完美像素模式"复选框；"预处理器"选择"mlsd"；"模型"选择"control _v11p sd15 mlsd [aca30ff0]"；"控制模式"选中"均衡"单选按钮。参数设置如图11-13所示。

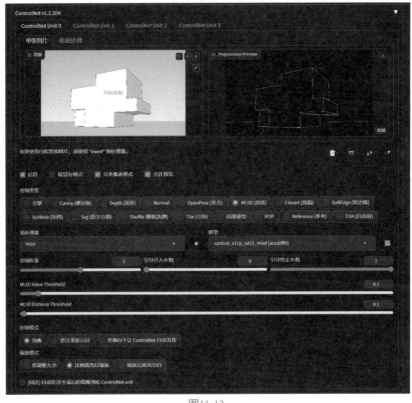

图11-13

05　单击"生成"按钮，得到的图片如图11-14所示。

图11-14

11.3.2　案例2：建筑半鸟瞰

假设需要根据这张半鸟瞰建筑的模型线稿生成一张建筑效果图，如图11-15所示。

扫码看视频教学

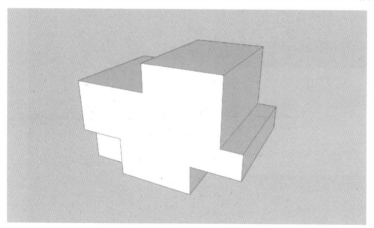

图11-15

01　打开webUI，选择"chilloutmix"模型（可以在C站搜索得到）。

02　提示词界面如图11-16所示。

图11-16

输入提示词：masterpiece, best quality,modern architecture,<lora:xsarchitectural-19Houseplan:1>, extremely detailed cg unity 8k wallpaper, realistic rendering, photorealistic.

输入反向提示词：bad-picture-chill-75v,lowres,bad architecture, text, missing fingers, error, extra digit, fewer digits, worst quality, cropped, low quality, normal quality, jpeg artifacts, signature, watermark, username, simple background, low res, line art, flat colors, dated, shadow, artist name, blurry, chromatic aberration abuse, parody,blurry.

03 选择"文生图"选项卡,"迭代步数"设置为40;"采样方法"选择"Euler a";勾选"高清修复"复选框;"重绘幅度"设置为0.5;"放大算法"选择"R-ESRGAN 4x+";尺寸设置为768×512;"放大倍数"设置为1.3;"提示词相关性"设置为7。参数设置如图11-17所示。

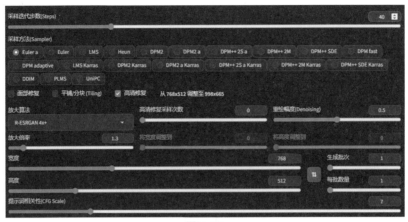

图11-17

04 在"文生图"选项卡界面下方找到ControlNet,在此处插入模型线稿图片,勾选"允许预览""完美像素模式"复选框;"预处理器"选择"mlsd";"模型"选择"control _v11p sd15 mlsd [aca30ff0]";"控制模式"选中"均衡"单选按钮。参数设置如图11-18所示。

图11-18

05 单击"生成"按钮，得到的图片如图11-19所示。

图11-19

11.3.3 案例3：景观类

假设需要根据这张景观类的模型线稿生成一张景观类效果图，如图11-20所示。

扫码看视频教学

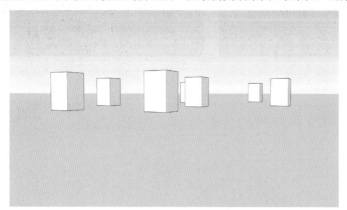

图11-20

01 打开webUI，选择"chilloutmix"模型（可以在C站搜索得到）。

02 提示词界面如图11-21所示。

图11-21

输入提示词：masterpiece, best quality,modern architecture,landscaping，<lora:xsarchitectural-19House-plan:1>, extremely detailed cg unity 8k wallpaper, realistic rendering, photorealistic

输入反向提示词：bad-picture-chill-75v,lowres, bad anatomy, bad hands, text, missing fingers, error, extra digit, fewer digits, worst quality, cropped, low quality, normal quality, jpeg artifacts, signature, watermark, username, simple background, low res, line art, flat colors, dated, toony, bad feet, nsfw, missing arms, humpbacked, long neck, nude, shadow, skeleton girl, artist name, blurry, chromatic aberration abuse, parody

03 选择"文生图"选项卡，"迭代步数"设置为40；"采样方法"选择"Euler a"；勾选"高分辨率修复"复选框；"放大算法"选择"R-ESRGAN 4x+"；"重绘幅度"设置为0.5；"放大倍数"设置为1.2；尺寸设置为768×512；"提示词引导系数"设置为8。参数设置如图11-22所示。

04 在"文生图"选项卡界面下方找到ControlNet，在此处插入效果图图片，勾选"允许预览""完美像素模式"复选框；"预处理器"选择"mlsd"；"模型"选择"control _v11p sd15 mlsd [aca30ff0]"；"控制模式"选中"均衡"单选按钮。参数设置如图11-23所示。

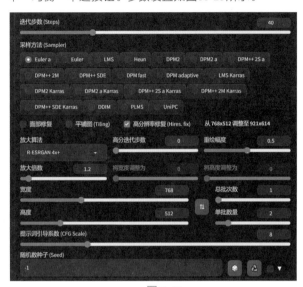

图11-22

图11-23

05 单击"生成"按钮，得到的图片如图11-24所示。

图11-24

第 12 章
其他行业应用

12.1　照片修复

扫码看视频教学

　　20世纪八九十年代的旧照片远没有今天的照片清晰，存在细节破损、不规则折痕、大量噪点等问题。目前市场上有不同的软件和算法可以修复旧照片，付费后，一键操作，自动修复老照片，让老照片变得更清晰。这项技术目前在用户群体中很受欢迎。

　　对于现有的老照片，Stable Diffusion也可以使用图生图模式放大照片，但是一般情况下，建议使用后期处理模式。后期处理的优势在于节约显存且快速。

　　下面以图12-1所示为例，修复这张老照片。

图12-1

01 ▶ 选择待修复的老照片放入后期处理图片区，如图12-2所示。

图12-2

02 可根据实际情况调整GFPGAN和CodeFormer参数，"Upscaler 1"选择ScuNET (模糊扩大)；"Upscaler 2"选择BSRGAN（边缘锐化）；"放大算法2强度"设置为0.8；"GFPGAN强度"设置为0.5（面部修复）；"CodeFormer强度"设置为0.8（面部修复）；"CodeFormer权重"设置为0.1。参数设置如图12-3所示。

03 单击"生成"按钮，得到的图片如图12-4所示。

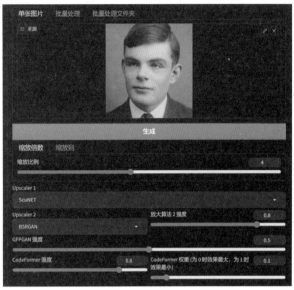

图12-3

图12-4

12.2 图片风格转换

Stable Diffusion可以轻松将图片转换成多种风格。这个功能应用最广泛的领域是定制插画头像。当下的年轻人对个性化的头像有很大的需求，会要求插画师根据本人的照片绘制成偏爱的风格，如二次元风格、像素风格、动画风格等。

下面以一个三次元女孩照片为例，如图12-5所示，将其转换成二次元风格，同时尽量保留原图的轮廓、细节，对颜色、构图不做过多的修改。

扫码看视频教学

图12-5

01 打开webUI，选择"anything-v5-PrtRE.safetensors[7f96a1a9ca]"模型，如图12-6所示。

图12-6

02 提示词界面如图12-7所示。

图12-7

输入提示词：masterpiece, ultra high res, high quality, 4k, (photorealistic:1.2), photo,a beautiful girl, modern style,soft rim light, beautiful detailed sky,pureerosface_v1.

输入反向提示词：nsfw, (EasyNegative:1.2), ng_deepnegative_v1_75t, paintings, sketches, (worst quality:2), (low quality:2), (normal quality:2), lowres, normal quality, ((monochrome)), ((grayscale)), bad anatomy,(long hair:1.4),DeepNegative,(fat:1.2),facing away, looking away,tilted head,lowres,bad anatomy,bad hands, text, error, missing fingers,extra digit, fewer digits, cropped, worstquality, low quality, normal quality,jpegartifacts,signature, watermark, username,blurry,bad feet,cropped,poorly drawn hands,poorly drawn face,mutation,deformed,worst quality,low quality,normal quality,jpeg artifacts,signature,watermark,extra fingers,fewer digits,extra limbs,extra arms,extra legs,malformed limbs,fused fingers,too many fingers,long neck,cross-eyed,mutated hands,polar lowres,bad body,bad proportions,gross proportions,text,error,missing fingers,missing arms,missing legs.

03 选择"图生图"选项卡，"迭代步数"设置为33；"采样方法"选择"DPM++ 2M Karras"；尺寸设置为512×768；"提示词相关性"设置为7。参数设置如图12-8所示。结果是重绘幅度为0.2的效果，可以看出图片风格的变化很小。

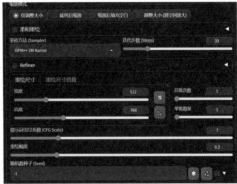

图12-8

04 "重绘幅度"为1的效果如图12-9所示，可以看出图片风格的变化很大，更改了很多图片信息。本例将"重绘幅度"调整为0.4，如图12-10所示。

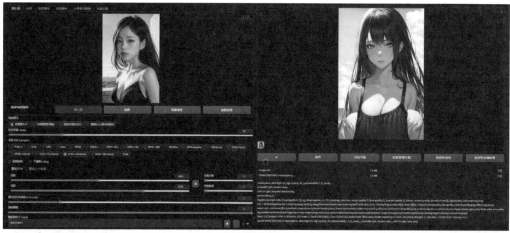

图12-9

图12-10

05 将生成的图片继续拖入"图生图"选项卡，继续调整"重绘幅度"，数值按照需求和实际效果进行调整。重复上述步骤，多次之后，可以生成想要的二次元风格，如图12-11所示。

06 最终生成的二次元图片如图12-12所示。

图12-11

图12-12

第 13 章

AI 绘画的技术伦理与艺术审美

13.1　AI 绘画技术的版权争议

AI绘画技术一经推出，就引来不少争议，其中争议最大的就是版权。目前很多AI绘画的作品存在抄袭真人作品的嫌疑，很多人将AI生成的图片直接用于商业，在版权上缺乏明确的界定。

2023年3月16日，美国政府发布的联邦公告中称，美国版权局（USCO）发布的美国法规第202部分，AI自动生成的作品不受版权法保护。USCO 表示，作者通过 Photoshop 进行创作的图片作品是受保护的，这是因为在整个过程中有人工参与进行创作，包括从最初的构思到最终作品完成。而通过 Midjourney、Stability AI、ChatGPT 等平台自动生成的作品，在整个创作过程中完全由机器人自动完成，并且训练的数据是基于人类创作的作品，因此，不受版权法保护。此外，USCO 规定，作者在申请的视觉、文本作品中，需要明确指出哪些部分由 AI 机器人完成，哪些是由人类完成。如果机器人完成的部分超出最大限制，将不应该放在作品中进行版权法申请。毫无疑问，这一举措引起版权界的热烈讨论。

对于AI生成的作品是否具备版权保护，目前我国法律还没有明确的规定。一些人认为，由于AI系统是由程序自动生成的，其生成的作品应该归属于程序的"作者"，所以没有版权保护。而另一些人则认为，由于AI系统是由人工智能技术所生成的，它需要依赖于人类的知识和技能，所以生成的作品应该受到版权保护。

使用AI绘画系统时需要遵守版权和知识产权的法律法规。在使用系统过程中，请勿直接使用他人的图片、文字等，也不要将生成的作品用于商业用途。对于一些商业应用，尽量找原作者协商获得授权才可以使用。

虽然AI绘画技术为人们的生活带来了更多的便利和可能性，但是其版权问题还需要更完善的法律规定和社会认知。作为用户，需要在使用AI绘画系统时遵守相关法律法规，尽可能维护良好的版权意识，共同推动AI技术的健康发展。

13.2　AI 绘画技术的肖像权争议

在隐私权和肖像权方面，和AI换脸一样，目前已经有人在真人模型的基础上进行AI创作，甚至很多明星形象被AI化，明星的个人隐私问题也成为争议点。

1. 使用AI技术伪造他人肖像是否侵权

用AI技术伪造他人肖像构成侵权，侵犯了他人的肖像权。法律规定，任何组织或者个人不得以丑化、污损，或者利用信息技术手段伪造等方式侵害他人的肖像权。肖像权人的权利被侵犯的，有权要求侵权人对自己赔礼道歉，并且赔偿因侵权行为给受害人造成的损失。

《中华人民共和国民法典》第一千零一十九条明确规定：任何组织或者个人不得以丑化、污损，或者利用信息技术手段伪造等方式侵害他人的肖像权。未经肖像权人同意，不得制作、使用、公开肖像权人的肖像，但是法律另有规定的除外。未经肖像权人同意，肖像作品权利人不得以发表、复制、发行、出租、展览等方式使用或者公开肖像权人的肖像。

2. 侵犯肖像权行为如何认定

侵犯肖像权行为的认定一般应把握如下标准。

（1）未经本人同意使用其肖像表明侵权人对他人肖像人格利益的不尊重，其行为破坏了他人肖像的个人专有性和完整性，应当受到制裁。如果经过本人同意而使用其肖像，就不构成侵犯肖像权的行为。

（2）侵犯肖像权须是以营利为目的的行为。以营利为目的是指以使用某人的肖像达到招徕顾客、推销商品的目的，或直接以肖像制作成为或复制成为商品出售营利。未经他人同意而以营利为目的使用他人肖像，既损害了权利人的人格，也损害了权利人因他人利用自己的肖像进行商业行为而获取物质利益的权利，这在法律上是不许可的。例如，照相馆未经本人同意，不将底片交给顾客或者将顾客艺术人像存放橱窗招揽顾客，即属于侵犯公民肖像权。

（3）下列情况属于合理使用他人肖像，不构成侵权。

①为公益目的而使用他人肖像，例如宣传某人的先进事迹，在报纸、电视台、电影中使用先进人物的照片，可以不征得某人的同意。

②新闻报道拍摄照片和影像。

③通缉逃犯和罪犯而使用他人肖像。

④寻人启事刊登照片等。侵犯公民肖像权，公民可以要求侵权人停止侵权行为、赔礼道歉。支付赔偿金。如果侵权人置之不理，公民可以向法院提起诉讼。任何人对于自己的照片，都是有独立处分的权利的，其他主体若是使用，需要获得照片所有者的同意。若是发现在自己不知情的情况下，照片被用于营利，此时他人已经构成了肖像权侵权，故此可以要求对方停止照片的使用，且需要支付相应的赔偿金。

13.3 AI绘画技术引发行业就业形势变化

AI绘画会怎么发展？百度创始人李彦宏曾表示，AIGC（生成式人工智能）有三个发展阶段，首先是助手阶段，帮助人类进行内容创作。第二阶段是协作，AIGC以虚实并存的虚拟人形态出现，形成人机共生。第三阶段是原创，AIGC将独立完成内容创作。目前AI绘画还处于第一阶段，仅能帮助人类提升效率和学习能力，但在未来，利用AI绘画营利的方式会更多。

现阶段，人工智能在绘画领域的应用越来越广泛，从智能色彩搭配到自动线稿生成，从图像风格迁移到自动创作，AI技术正在改变着传统绘画设计行业的格局。在这个背景下，我们需要思考AI绘画带来的影响以及如何应对。

首先，AI绘画技术的出现可能会使某些传统绘画设计行业的工作变得更加高效，例如自动线稿生成可以减少手工绘画师的工作量，图像风格迁移也可以加快某些绘画设计工作的效率。同时，AI技术还可以在一定程度上提高绘画设计作品的质量和可视性，例如智能色彩搭配可以帮助设计师更好地搭配颜色，自动创作也可以提供更多创新的设计元素。

其次，AI绘画技术也可能对传统绘画设计行业的从业者带来一定的挑战。对于那些不具备AI技术背景的从业者而言，AI技术可能会成为他们的竞争对手，从而影响其就业和收入。例如，某些设计公司可能会优先选择具备AI技术背景的应聘者，而不是传统绘画设计从业者。

那么，面对AI绘画技术带来的影响，从业者应该如何应对呢？首先，从业者应该积极学习和掌握AI绘画技术。随着技术的发展，AI技术在绘画设计领域的应用将越来越广泛，只有掌握了相关技术，才能更好地适应市场需求。其次，从业者也需要保持创新精神。AI绘画技术虽然可以帮助设计师更好地完成某些绘画设计任务，但它并不能完全代替人类的创造力和想象力。因此，从业者需要保持自己的创新能力，不断推陈出新，开拓新的市场需求。再次，从业者还需要建立自己的品牌和风格。在AI技术日益普及的今天，品牌和风格已经成为绘画设计从业者的重要资产。通过建立自己的品牌和风格，从业者可以更好地脱颖而出，吸引更多客户的青睐。最后，从业者还需要不断提高自己的专业素养和绘画设计技能。虽然AI技术可以提高工作效率和设计质量，但仍然需要从业者具备扎实的绘画设计技能。只有掌握了基本技能，才能更好地使用AI

技术，从而更好地完成工作。除此之外，还有一些其他的应对策略。例如，可以通过多样化的服务来吸引更多客户的青睐，如提供个性化设计服务、多语言服务等。此外，也可以通过建立合作伙伴关系来扩大市场份额，如与AI技术公司合作，共同开发绘画设计领域的新产品和服务。

　　总而言之，AI绘画技术的应用正在改变着传统绘画设计行业的格局。对于从业者而言，要保持积极进取的态度，学习和掌握AI技术，同时保持创新精神，建立自己的品牌和风格，提高专业素养和绘画设计技能。只有这样，才能更好地适应市场需求，应对AI技术带来的影响。

13.4　预防 AI 绘画在诈骗领域的应用

　　随着AI绘画技术的发展，不法分子已经开始在互联网上出售利用AI绘画生成的作品，其中涉嫌非法传播淫秽色情内容以谋取利益。这种行为不仅违背伦理道德，还对社会秩序和个人权益构成威胁。

　　AI绘画技术的滥用在诈骗领域也造成了一系列问题。以下是一些具体例子：冒充领导或熟人进行诈骗、冒充公检法机关实施诈骗、冒充电商客服进行诈骗、利用AI生成虚假征婚交友资料进行诈骗、利用AI合成声音进行诈骗、利用AI换脸技术进行诈骗、利用AI筛选受骗人群等。

　　面对这些威胁，要提高安全意识，采取相应的防范措施。首先，应多重验证网上信息，尤其是与重要事务相关的信息，确保其真实性。其次，要警惕诱骗，保护个人敏感信息，避免被不法分子利用。此外，大家应互相提醒，共同预防诈骗行为的发生。

　　例如，AI技术的快速发展使得恶意分子能够使用AI换脸技术进行诈骗。他们可以利用AI技术将自己的面部特征合成到其他人的视频中，使得观看者难以分辨真假。这种技术被广泛用于冒充名人、政府官员或亲友，通过视频通话或社交媒体等渠道进行欺诈活动，诱使人们提供个人敏感信息或进行金钱上的捐赠。这对社会造成了重大的安全威胁，因此应当保持高度警惕，谨慎对待未经验证的信息和请求。

　　在面对这些挑战时，需要综合运用技术手段、法律法规和公众教育，共同应对AI绘画技术在诈骗领域的滥用。只有加强监管和提升个人安全意识，才能更好地保护自己的权益，维护网络空间的健康发展。

13.5　工作重心的转变：从创作到选择

　　AI绘画技术不仅能够有效地结合传统绘画和数字绘画技术，整合它们之间的力量，而且能够在短时间内创作出令人惊叹的艺术作品，十分惊艳。AI绘画技术能够帮助艺术家创作出令人惊叹的艺术作品，成功诠释AI在艺术创作中的价值，开启AI艺术在绘画创作中的新模式。

- 更大的创意空间：AI技术的帮助，不仅打开了传统绘画创作的新视角，而且还能帮助艺术家探索更为广阔的创作空间，创作出更加绚丽多彩的艺术作品。
- 创作体验提升：AI技术的帮助，使绘画创作过程更加自由、丰富和有趣，而不是单一、无趣的重复性工作。
- 更快的创作效率：AI技术的运用使得绘画创作变得更快、更准确，同时也能够提升创作过程的效率。

　　AI绘画正在改变绘画创作。随着AI绘画技术的不断发展，AI绘画正在以神奇的方式改变着绘画创作，让艺术家可以更加高效地创作出更多令人惊叹的艺术作品，给世界文化艺术界带来极大的创新突破。

　　AI确实可以提高工作效率，为人们带来便利，然而，它并不能替代人类真实的情感表达和思维逻辑。此外，**由于AI涉及大量的数据和信息，容易出现泄露个人隐私的风险**。最重要的是，AI的大量应用会导致许多人失去工作。

　　这些例子告诉我们，人工智能的发展确实带来了许多便利，但也同时带来了挑战。在面对科技带来的变革时，不能抱有恐惧和抵触心理，而应该积极地去适应和利用这些变化。

　　人工智能并非万能，它不能完全替代人类的创造力和情感。正是这些独特的特质，使得人类能在激烈的竞争中脱颖而出。而对于那些因为科技进步而失业的原画师、设计师等从业者来说，应该适应与AI共存，将自己的特长与AI的优势结合起来，创作出更多美好的作品。**与其抱怨和担忧失业，不如主动去学习和掌握新**

技能，从而适应这个不断变化的世界。

另外，管理部门和企业也应该为应对科技带来的就业变革承担责任。他们可以提供培训和转行机会，帮助那些受到冲击的从业者重新找到工作。并且在某些领域，人工智能并不能完全替代人类，因此，管理部门和用人单位要珍惜并支持那些具有独特创意和技能的人才，让他们继续在行业中发光发热。

13.6　变化中的永恒：思想文化与艺术审美

AI技术在绘画和设计领域的应用，已经引起了大量的关注和讨论。在某种程度上，AI绘画给人类的审美和艺术思路带来了冲击，同时也为人们带来了无限的创作可能性和启示。

AI技术在绘画和设计领域的应用，既是一种创新，也是一种挑战。由于AI绘画所使用的算法，是以真正艺术作品为基础进行学习的，这使得AI绘画所创造的艺术品，在美学上也可以获得比较高的评价。然而，**这也打破了人们对于艺术品的传统理解和审美基础**。随着AI绘画技术的不断成熟，它可以模拟大师的创作方法和风格，甚至可以创作出更加复杂的艺术作品。这将极大地**挑战传统的艺术观念和审美标准**，让人们重新思考传统艺术以及人类审美的局限性。

AI技术的出现，也给艺术家带来了更多的创作启示。AI技术能够处理更加复杂的数据和形态，并可以将不同的元素进行融合。当传统艺术与AI技术相互融合时，可以构建出更加丰富、更具创意性的艺术作品。例如，许多艺术家已经开始使用AI技术作为其**思维和灵感的桥梁**，利用自然语言处理和机器学习等技术，激发艺术家的创造力，带来更多的艺术启示和想象。这使得 AI 在艺术创作中成了一个有力的工具，同时也为艺术家提供了全新的想象空间和思考方式。

然而，AI绘画技术的使用仍存在着局限性。例如，**其无法创造出除已经学过的内容以外的新样式，也没有人类艺术家的独特创造力和情感表达能力**。同时，随着技术的不断进步和发展，对于AI绘画的软件漏洞和数据安全问题必须引起更多的注意。

13.7　从机器学习到以人为本

随着人工智能（AI）的快速发展，机器学习成为了许多领域的核心技术之一。机器学习的原理是通过大量的数据和算法，让机器能够自动学习和改进自身的性能。这种技术已经在图像识别、语音处理、自然语言处理等领域取得了重要的突破，其中包括AI绘画。

然而，尽管AI绘画在技术上取得了巨大的突破，人们也必须认识到，艺术创作的本质是源自人类的情感、思想和文化。在追求技术进步的同时，不能忽视艺术中的人文因素。因此，从机器学习到以人为本，意味着需要回归到人的角度来思考和定义AI绘画的价值。

在以人为本的理念下，AI绘画应该被视为一种工具，而不是替代人类创造力的工具。它可以帮助艺术家实现创作的目标和愿景，提供更多的可能性和创作灵感。艺术家可以将AI作为一个合作伙伴，通过与机器共同创作，探索新的艺术形式和表现方式。

此外，以人为本的AI绘画还应该注重与观众的互动和情感共鸣。艺术的价值在于能够触动人们的内心，引发情感共鸣和思考。AI绘画可以通过分析和理解观众的反馈，进行个性化的创作，以更好地满足观众的需求和情感体验。

然而，要实现从机器学习到以人为本的转变，并不是一件简单的事情。要不断研究和探索如何将机器学习技术与人文因素相结合，培养机器的情感智能和创造力。同时，也需要在AI绘画的应用中保持伦理和道德的关注，确保技术的使用不会带来负面影响。

综上所述，从机器学习到以人为本是AI绘画发展的一个重要方向。在这个过程中，需要将技术与人文因素相结合，将AI作为艺术创作的工具和合作伙伴，以实现更加丰富和有意义的艺术创作体验。同时，也要保持对伦理和道德的关注，确保AI绘画的应用符合人类的价值观和需求。